"十三五"国家重点出版物出版规划项目

 转型时代的中国财经战略论丛 ◢

# 流域双向生态补偿机制研究

耿翔燕　著

中国财经出版传媒集团

经济科学出版社
Economic Science Press

图书在版编目（CIP）数据

流域双向生态补偿机制研究/耿翔燕著．—北京：
经济科学出版社，2020.8
（转型时代的中国财经战略论丛）
ISBN 978 - 7 - 5218 - 1787 - 4

Ⅰ．①流…　Ⅱ．①耿…　Ⅲ．①流域 - 生态环境 -
补偿机制 - 研究 - 中国　Ⅳ．①X321.2

中国版本图书馆 CIP 数据核字（2020）第 154464 号

责任编辑：李一心
责任校对：王肖楠
责任印制：李　鹏　范　艳

## 流域双向生态补偿机制研究

耿翔燕　著

经济科学出版社出版、发行　新华书店经销
社址：北京市海淀区阜成路甲 28 号　邮编：100142
总编部电话：010 - 88191217　发行部电话：010 - 88191522
网址：www. esp. com. cn
电子邮箱：esp@ esp. com. cn
天猫网店：经济科学出版社旗舰店
网址：http：//jjkxcbs. tmall. com
北京季蜂印刷有限公司印装
710 ×1000　16 开　13.25 印张　210000 字
2020 年 10 月第 1 版　2020 年 10 月第 1 次印刷
ISBN 978 - 7 - 5218 - 1787 - 4　定价：56.00 元
（图书出现印装问题，本社负责调换。电话：010 - 88191510）
（版权所有　侵权必究　打击盗版　举报热线：010 - 88191661
QQ：2242791300　营销中心电话：010 - 88191537
电子邮箱：dbts@ esp. com. cn）

# 前　言

转型时代的中国财经战略论丛

　　流域作为复杂的生态系统，其自然属性导致各地区存在资源禀赋差异和经济发展程度的不均衡。随着生态文明建设的不断推进，如何实现流域生态经济的协调发展成为重要议题。生态补偿作为环境管理的创新手段，在流域发展中得到广泛应用，并已初步建立基本的流域生态补偿机制框架。健全并完善现有的补偿机制，是目前生态补偿机制研究的重要创新内容。在现有的流域生态补偿多以保护性单向补偿为主的背景下，本书依据生态补偿的广义含义，遵循"有奖有罚"的基本原则，从双向补偿的角度入手构建流域双向生态补偿机制，对双向补偿机制中的利益主体、补偿标准测算及补偿方式选择等关键问题进行深入剖析，以山东省小清河流域为例进行模拟应用，力图为流域生态补偿机制的完善和高效运行提供参考。

　　双向生态补偿是通过制度创新，将流域生态的外部经济和损害成本内部化，对流域生态保护者给予合理补偿，对流域生态破坏者进行相应惩罚，采用经济手段优化流域生态资源配置，从正向激励和负向约束两方面来实现流域的绿色发展。双向补偿机制是解决流域生态保护与经济发展矛盾、促进流域生态经济和谐发展的重要手段。本书系统梳理了国内外在流域生态补偿方面的相关研究，提出了构建双向补偿的流域生态补偿机制的必要性。在此基础上，对双向补偿机制构建中的关键问题进行了深入研究，具体包括相关利益主体的利益分析、双向补偿标准的计量、补偿方式的选择、补偿资金的分配管理和双向补偿机制在小清河流域的实证分析等，根据模拟应用结果，提出了相应的保障建议。

　　本书主要包括六部分内容，具体如下：

　　（1）流域双向补偿中利益主体的识别及其行为研究。现阶段，以政府作为相关利益主体代表参与的流域生态补偿，运行效率最高。我国市场经济发展不完善，流域内的利益主体众多，精确界定成本较高，政府间的相互交易是流域生态补偿的主要形式。上下游间的双向补偿需要上级管理部门的参与，通过提高补偿资金额度、降低保护成本、增强惩罚力度等提升上下游政府参与生态补偿的积极性。流域上游多为资源富饶的经济贫困地区，为缓解其生态资金投入压力，上级部门需要对其进行相应的奖励，并做好核查工作。

（2）双向补偿标准的测算。补偿标准的确定是双向补偿机制构建的核心。本书在分别核算利益主体保护性补偿标准和惩罚性补偿标准的基础上，将二者耦合叠加得到双向补偿量。标准核算内容方面，与现有的以单一水质作为指标不同，本书综合考虑了水质和水量两种因素进行测算。生态保护性补偿标准测算方面，主要依据流域各区域水质和水量的保护行为进行度量；生态惩罚性补偿标准测算方面，主要依据流域各区域的水质污染行为和水量超量使用进行度量。此外，还基于流域上下游的经济发展水平实现了双向补偿标准的差异化，进一步提高补偿标准的科学性与合理性。

（3）流域双向生态补偿标准的差异化测算。补偿标准的测算作为双向补偿机制构建的关键，计量时应体现保护行为与污染破坏行为结果间的差异。利益主体采取保护行为和污染破坏行为的偏好不同，产生的生态效益和损失也不对等，分别采用保护成本和重置成本确定保护性补偿和惩罚性补偿标准，区分两行为贡献的差异。对同一利益主体，将保护性补偿标准与惩罚性补偿标准叠加耦合后的金额大小体现了其综合行为的效益或损害。依据经济发展水平进行调整，注重流域各区域间经济支付能力和发展水平间的差距，避免出现"一刀切"，实现标准差异化的同时，在一定程度上起到扶贫作用。

（4）流域双向补偿模式的优化研究。与以往的上级部门分别与流域上下游各地区进行补偿不同，本书提出逐级补偿的内涵，将流域划分为多个区域，仅计算相邻两区域间的补偿，依次类推。其中，流域源头、末端及相邻上下游两区域调整后的补偿标准差额由上级部门进行协调。逐级补偿的方式可以有效去除上游主体行为对本区域的影响，提高补偿效率。

（5）流域双向补偿资金的分配管理。作为主要补偿内容的补偿资金，在具体筹措和分配时可分为两个层级开展，依据相应的衡量指标，依次由区县政府层面转至企业、居民等直接利益相关者。设立专门的机构对补偿资金进行管理，并定期科学评估，保障补偿资金的高效使用。

（6）流域双向补偿机制的实际可行性。以小清河流域为例，将构建的双向补偿机制进行模拟应用。模拟结果表明：以小清河流经的行政区域作为利益关系主体代表进行后续的分析，从上游至下游分别为济南、滨州邹平、淄博、滨州博兴、东营和潍坊6个区域。结合2016年小清河的相关数据，得到从上游至下游各区域的双向补偿金额分别为11937.44万元、14706.67万元、18336.60万元、13450.68万元、6398.75万元和－3400.00万元，其中，潍坊需要支付费用。经调整系数调整后，按照逐级补偿方式，济南至潍坊各区域的实际补受偿额分别为：11937.44万元、17475.90万元、4730.13万元、8564.76万元、－7051.93万元和－9798.75万元，与原有的补偿结果相比，激励性更强，可行性更高。为保障双向补偿机制在小清河流域的高效应用，需完善水质水量的监测体系、构建争议仲裁机制和协同优化相关财政、体制、资产核算等方面的政策。

从我国第一个跨省生态补偿试点在新安江流域的开展，到长江、黄河流域生态补偿机制的探索，流域生态补偿在改善生态、促进绿色发展的作用日益凸显。本书希望通过对流域双向生态补偿机制的研究，能够更好地完善生态补偿机制，推动更多生态转为绿色红利，提升民生福祉。需要说明的是，本书是在博士论文的基础上完善完成，在此特别感谢导师葛颜祥教授在我求学期间给予的关怀帮助与指导。此外，本书得到山东省高等学校青创人才引育计划"理论经济学研究型创新团队"的资助。由于笔者水平能力有限，文中难免会有遗漏、错误、不足，恳请读者朋友来函指正，我将进一步修订。

# 目　录

# 第1章 导　　论

## 1.1　研究背景及意义

### 1.1.1　研究背景

近年来，我国经济社会的快速发展带来了一系列的生态环境问题，严重影响了人们的生活质量，生态环境保护逐渐受到社会各界的重视。生态文明建设是在自然环境可承受范围内实现人与自然和谐相处的最优路径。党的十八大报告中首次将生态文明建设列为"五位一体"总布局的重要组成部分。《生态文明体制改革总体方案》中强调在现有形势下要促进资源节约，通过建立生态补偿等制度创新方式保护生态环境。党的十九大报告中更是明确提出要加快生态文明体制改革，解决环境污染问题，加强生态环境保护力度。

流域是以河流为中心被分水线所包围的地区，是水生态环境的重要载体。流域具有生态与经济的双重属性，既能提供良好的生活环境，又能为经济发展提供资源保障。我国的主要城市群都依托流域而建，因此如何实现流域的可持续发展是重要的研究议题。现有的生态环境问题中突出表现为水资源的过度消耗和污染，给流域生态环境造成巨大压力。我国是水资源短缺型国家，人均水资源仅占世界人均水资源拥有量的1/4，且分布不均匀，生态缺水已影响到流域生态经济的可持续发展。此外，我国经济高速发展的背后是对水资源的高消耗和高污染，极大损耗了流域的生态系统服务价值，水土流失、水质恶化、生物灭绝、河流断流、湖泊萎缩等流域问题日益显现。我国流域范围的行政划分，导致流域上下游难以形成统一管理，污水处理设施建设落后，大量生产、生活污水肆意排放。据统计，辽河、黄河、淮河、海河等流域都有70%以上的河段受到污染①。2018年第5周（1月29日~2月4日）全国主要水系自动监测的148个断面中，除去断流、施工等断面，共监测到147个断面，其中Ⅰ类水质断面13个，占总数的8.8%；Ⅱ类水质断面69个，占总数的46.9%；Ⅲ类水质断面42个，占总数的28.6%；Ⅳ类水质断面11个，占总数的7.5%；Ⅴ类水质断面6个，占总数的4.1%；劣Ⅴ类水质断面6个，占总数的4.1%②。

上游对流域实行生态保护会牺牲经济发展机会，而下游却可借此得到快速发展，存在资源禀赋与经济富饶度的不对等。若上游通过污染生态环境实现自身发展，所引发的恶果会与下游一同承担。从理性经济人的角度出发，区域会自发选择污染而放弃保护，长此以往，流域生态破坏程度愈加严重。流域生态环境恶化的一个重要原因，是保护者得不到应有的经济激励，污染者得不到应有的惩罚，最终导致流域生态环境的恶性循环。面对日益严峻的流域生态环境，人们逐渐意识到经济发展与流域生态的共生性和流域上下游的统一性。为增强流域上下游保护环境的积极性，实现流域生态与经济的协调发展，流域生态补偿机制的建立十分必要。

流域生态补偿机制最早开始于1976年德国的生态控制行动（Engriffsregelung）政策，随后在美国、澳大利亚、法国、英国、厄瓜多尔等国家推广开来。20世纪90年代流域生态系统破坏程度逐渐加深，在可持续发展政策的指引下，我国开始关注生态补偿机制并出台了相关法律文件。我国流域生态补偿最早体现为对流域移民的补偿，为保障流域移民的合法权益，1991年国家出台《大中型水利水电工程建设征地补偿和移民安置条例》，对跨区域水库移民的补偿和安置问题进行了说明。2007年国务院在《节能减排综合性工作方案》中明确要求进行流域生态补偿机制的试点。面对着流域生态服务功能的逐渐减弱及流域水质的严重污染，2008年中央一号文件首次提出要"建立健全森林、草原和水土保持生态效益补偿制度，多渠道筹集补偿资金，增强生态功能"，

---

① 《2015 中国环境状况公报》。
② 《全国主要流域重点断面水质自动监测周报》（2018 年第 5 周）。

明确了流域生态补偿的工作重点。2011 年在全国人大制定的"十二五"规划纲要中要求建立生态补偿机制，按照"谁开发谁保护，谁污染谁补偿"的原则，设立国家专项生态补偿资金。2011 年，由财政部和环保部牵头的全国首个跨省流域生态补偿机制在新安江启动。此后，流域生态补偿的实践在广东、山东、江西等多个省份逐渐展开。

2012 年在党的十八大报告中指出"面对环境污染严重、生态系统退化、资源约束趋紧的严峻趋势，要建立反映市场供求和资源稀缺程度、体现生态价值和代际补偿的生态补偿制度"。2016 年国务院办公厅发布《关于健全生态保护补偿机制的意见》，进一步指出要建立生态补偿制度，提高生态补偿标准，并考虑不同区域生态功能因素和支出成本差异，研究建立生态环境损害赔偿与生态保护补偿协同推进生态环境保护的新机制。2017 年在党的十九大报告中更是将"两山论"作为基本发展理念，要求做好水污染防治，统筹"山水林田湖草"系统。基于此，流域生态补偿机制的研究和实践成为今后我国生态环境保护中重要的发展方向。

流域生态补偿机制通过水资源有偿使用等方式来实现水资源的合理配置。目前，我国的新安江、辽河、九江、鄱阳湖、太湖、东江、金华江等多条流域都已开展流域生态补偿，取得了一定成效，但也凸显出一些问题。

实践中，现有的流域生态补偿标准较低，对保护性补偿或惩罚性补偿的"一刀切"现象明显，与各区域发展水平的适应度较弱。补偿方式中，主要依靠上级政府的纵向转移支付，给上级财政造成巨大压力。如新安江流域生态补偿中，试点第一轮的补偿基金总额为 5 亿元，其中中央财政高占 60%；试点第二轮中央财政比重有所下降，但仍占补偿基金总额的 42.86%。此外，现有的补偿资金来源多为政府财政，对直接利益相关者的企业、居民等涉及较少。流域生态补偿机制目前已在全国 20 多个省份相继展开试点，取得了一定的效果，但相关区域的积极性仍有所欠缺，且流域生态状况稳定性差，污染反弹现象明显。

生态补偿机制成功运行的关键是实现流域的外部性内部化。具体体现为对流域生态保护者的激励和对生态破坏者的惩罚两个方面，但现有的研究和实践多将二者割裂，只注重其中一方面，很少同时兼顾到流域主体行为的正外部性和负外部性。实践中多按照"上游保护、下游补偿"的思路来执行，忽略了"上游污染、下游被补偿"的情况，对流域上游"只奖不罚"，导致流域上下游难以达到预期的补偿效果。因此只有将奖励与惩罚两者有机结合起来，对流域保护行为的正外部性与污染行为的负外部性综合考量，实现"有奖有罚"，且引入合适的调控机制，促进水资源在流域各区域间的合理配置，才能真正保护流域生态环境，实现流域的可持续发展。

## 1.1.2　研究意义

流域生态补偿已成为国家生态战略的重要一部分，对遏制生态环境恶化，发挥生态服务功能意义重大。该机制已在我国进行了一些研究和试点，但在补偿标准、补偿资金分配、主体的行为应对措施等方面还存有不足。从保护和污染两方面综合考量流域主体行为，构建双向补偿的流域生态补偿机制具有重要的理论和应用价值。

### 1. 理论意义

随着国家社会对流域生态环境质量需求的不断提高，相关的理论成果逐年增多。但多数成果只集中在流域生态保护和生态破坏的其中一方面，本书对流域同一主体的行为从保护和污染两个方面进行考虑，更好地体现了公平性原则，研究中借鉴多个学科的成果知识，进一步丰富了生态补偿的理论体系。采用水质和水量为衡量指标，分别计算基于保护行为和污染行为的补偿量，体现保护行为与污染行为所需代价的差异化，拓宽了理论研究思路，有利于社会各界对流域生态补偿功能的全面认识，可为相关部门的政策制定提供理论参考。

### 2. 应用价值

党的十八大、党的十九大报告以及《中华人民共和国环境保护法》等文件中都体现了国家对流域生态环境的重视，多次提出要不断健全和完善生态补偿机制。建立基于保护性补偿与惩罚性补偿的双向生态补偿机制，解决了生态补偿量计算的片面性问题，响应了国家号召，也是现阶段国家倡导绿色发展要求的具体体现。

基于双向补偿视角进行流域生态补偿机制的构建有助于激发流域生

态保护者的积极性，同时抑制流域的污染行为，矫正流域上下游的利益关系，实现水资源的合理利用，有效保护各地区农户的合理利益。在流域区域经济发展水平的基础上对生态补偿量进行调整，有利于实现生态补偿机制的"瞄准"功能，增强生态补偿机制的可操作性和精准化，带动流域居民的保护热情。流域生态补偿方式的优化有效降低了交易成本，为生态补偿机制的实施提供了系统、实用的指导。

## 1.2  国内外研究进展

20世纪80年代，水资源的过度消耗、流域生态服务功能的弱化成为制约经济可持续发展的全球问题。流域生态补偿机制作为有效的解决手段开始受到国内外学术界的关注。经过近40年的发展演变，国内外学者对流域生态补偿机制研究取得了一定的成果。本书结合研究目标和内容，从生态补偿的性质、补偿标准计量和补偿运作方式选择三个方面梳理国内外的研究现状及不足之处，找准论文研究的切入点。

### 1.2.1  生态补偿及利益主体

流域生态补偿属于生态补偿的一个重要分支，国外关于流域生态补偿的单独研究文献较少，多涵盖在生态补偿的研究内容中。国外关于生态补偿的研究起步较早，开始于20世纪中期。最初的生态补偿被认为是一种生态环境损害后的修复手段（Cuperus，1996；Allen，1996），后来更多学者将其看作为生态资源保护的经济方法，并给出了狭义和广义层面的理解（Wunder，2005）。国外研究中，并不存在"生态补偿"的概念，现有文献中的生态环境服务付费（payment for environment services，PES）与生态补偿的概念最为接近（Nicolas K，2007）。

卡普鲁斯（Cuperus，1996）将生态补偿定义为通过对被破坏区域的生态环境修复以提高该地区生态质量，或通过投资来创建出新的高环境质量的地区。生态补偿包括多种类型，如1995年哥斯达黎加实行的生态补偿涉及水文服务补偿、生物多样性补偿、植物景观补偿等多个方面（Pagiola，2008）。流域生态补偿起源于流域治理，是指流域水资源的生态服务交易（Zbinden，2005），流域生态补偿中当流域上游污染水源造成下游损失时要对下游进行补偿，反之上游保护生态环境付出成本则下游要做出相应补偿。

在理论基础层面，国外对生态补偿的理解主要基于科斯理论和庇古理论两个视角。基于科斯理论的学者们认为在环境资源产权明晰且交易费用为零时，生态资源环境服务的外部性可通过自由的市场交易解决而无须政府的干预（Wunder，2005）。代表性人物旺德（Wunder）还将生态补偿的实施条件及标准进行了明确，为生态补偿的具体运行提供了参考，但同时也面临其他学者们的诸多质疑。基于庇古理论的学者们则主张私人对环境付费的自愿性并不强烈，需要政府通过税收或补贴的方式强制实行以消除生态保护的外部性问题（Mayrand，2004；Muradian，2010）。因此政府财政被认为是生态补偿资金的主要来源。综上所述，无论是出于何种视角，学者们都认为生态补偿本质是解决外部性问题，只是在实现方式上存有差别。

我国对生态补偿的研究起步较晚，20 世纪 80 年代开始进行系统的理论研究并逐渐成为研究热点。生态补偿最初开始于森林生态系统，后来逐渐延伸至草原、煤矿、保护区等多个领域，流域生态补偿作为其重要分支正处于摸索试点阶段。流域中环境要素的影响具有单向性特点，流域上下游间在水资源利用和保护方面存在利益不对等，流域生态补偿就是通过下游向上游的生态资源保护行为进行经济补偿等方式来协调上下游间的利益关系，实现流域公平公正的法律制度（钱水苗，2005；毛涛，2008）。王金南（2006）提出流域生态补偿本质是通过法律、行政等手段激励生态保护行为、抑制生态破坏行为的一种利益调节机制，是有效促进人与自然和谐发展的制度安排。

流域生态补偿中利益主体的界定从不同的研究视角存在不同的分类。最常见的方式是按照补偿方向分为补偿主体和受偿主体（也称为补偿中的买卖双方）。其中补偿主体通常指流域生态环境保护的受益者和破坏者，具体为流域下游的居民、企业、政府及对生态破坏的上游居民和企业等（杨丽韫，2010）。受偿主体也称为补偿客体（王淑云，2009），是指生态环境的提供者和受损者，具体为水源地的居民、村集体、减少水资源破坏的企业及当地政府等（张晓峰，2011）。由于流域水资源流动的特性，有些学者指出流域生态补偿中的主客体是根据水量水质等指标的达标情况而动态变化的（王金南，2006）。生态补偿中至少存在一个主体与客体，生态服务交易才能进行（Wunder，2005）。根据流域生态补偿的研究内容，有些学者认为补偿主体是指流域生态补偿支付行为的参与者，补偿客体是补偿金额的计量依据，具体指流域生态资源和生态服务效益（胡振通，2016）。还有些学者根据利益关系的远近和参与度，将其划分为核心、次核心和边缘型利益相关者（郑海霞，2009；龙开胜，2015）。

　　流域生态补偿的利益主体划分仍存有争议，为方便研究分析，学者们通常将流域上下游的政府作为代表，并运用静态博弈、演化博弈等方法在追求自身利益最大化背景下对各政府的行为选择进行分析（徐大伟，2012；曲富国，2014）。

## 1.2.2　生态补偿标准核算

　　流域生态补偿标准核算是生态补偿机制的核心内容，具体是指计量方法的选择和补偿数额的确定。根据不同流域的实际状况，国内外学者们从不同的视角进行了研究，采用多种方法核算生态补偿数额，理论依据主要有成本费用、补偿支付意愿和生态效益价值等。

### 1. 成本费用依据

　　以成本费用为依据的补偿标准计量方法可分为机会成本法、修复成本法和总成本法。

　　机会成本法是最为普遍的补偿标准测量方法，被应用于多个生态补偿的领域中。麦克米伦（Macmillan，1998）通过对森林生态补偿机制的研究，发现森林生态补偿金额与保护成本紧密相关。汉达尔（Hanndar，1999）运用线性规划等计量方法得出农民退耕还林的机会成本，并以此确定生态补偿数额。机会成本法应用在流域中是指某区域为保证一定质量的水资源环境所丧失的产业发展成本，一般用市场价值和相似地区经济差异来确定补偿标准。许多学者建议将其作为补偿标准的依据。卡斯特罗（Castro，2001）认为机会成本难以清晰界定，且激励性不足，应作为生态补偿的最低标准。帕吉拉（Pagiola，2007）则主张生态补偿标准计量时应将机会成本考虑在内。补偿金额与机会成本的差距是农户参与生态补偿的重要影响因素。科索伊（Kosoy，2007）对比分析了美国 3 个流域生态补偿案例，发现流域上游的机会成本普遍大于实际的补偿金额，因此提出流域生态补偿标准应保证不低于机会成本水平的建议。沈满洪（2004）运用机会成本法对新安江千岛湖的生态补偿标准计量进行了理论分析。代明（2013）等人通过构建发展成本与生态补偿的计量模型，对广东湛江流域的生态补偿数额与机会成本进行了对比分析。尚海洋（2016）在石羊河流域补偿标准的研究中，提出以环境收益作为机会成本可有效提高农户参与生态补偿的积极性。

修复成本法是指对超标污染物进行处理、恢复为目标水生态环境所需的成本费用。虞锡君（2007）、黎元生（2007）、刘晓红（2009）采用修复成本法分别对太湖流域、闽江流域、钱塘江流域的补偿标准进行了测算。

总成本法是指为保证或维持一定的水资源环境所进行的直接成本投入和因此丧失的发展权，即直接成本与机会成本的总和（李文华，2010）。史晓燕（2012）运用总成本法对东江源流域的生态补偿标准进行测算，得出 2006～2009 年东江源区应得到补偿资金 814123.65 万元。张自英（2012）以陕南汉江流域生态保护与建设的总成本作为生态补偿标准，并分析了直接成本与机会成本在汉江流域生态保护中的比例关系。何家理（2016）等通过计算流域保护中的直接投入和间接损失对东江流域中的生态补偿标准进行了理论分析。实践中，新安江、金华江、湘江等流域的标准核算也都采用了该方法。

**2. 补偿支付意愿依据**

支付意愿为依据的流域生态补偿标准确定采用的方法为意愿调查法，又称条件价值评估法，是通过发放问卷或实地访谈等形式，收集流域上下游利益相关者的补偿和受偿意愿，进而确定生态补偿标准。支付意愿法可较为准确地反映出生态补偿中买卖双方的心理活动，该方法是由戴维斯（Davis）首次提出并将其作为评判森林生态系统服务价值大小的依据。库珀（Cooper，1998）、普兰丁格（Plantinga，2001）等学者通过运用计量模型对农民的退耕还林意愿进行分析，预测了农民继续参与退耕保护计划的补偿标准和退耕数量。一些学者是通过实际调研、发放问卷等方式对苏格兰地区、印度湿地保护区等当地居民生态补偿意愿的强烈程度进行了解，并通过问卷数据的整理分析得到居民愿意接受的补偿方式及补偿数额（Bienabe，2006；Moran，2007；Ambastha，2007）。在流域生态补偿方面，葛颜祥（2009）、接玉梅（2011）对黄河下游山东省居民进行了补偿意愿与支付水平的问卷调查，发现黄河下游居民普遍愿意为上游的水资源保护进行补偿，支付数额的大小受居民教育程度、年龄等多因素的影响。罗西奥·梅雷诺·桑切斯（Rocio Mereno‐Sanchez，2012）等人调查了哥伦比亚218户流域居民的补偿支付意愿，指出收入水平、区域距离等因素会对居民的支付意愿产生影响。徐大伟（2012）以辽河流域为研究对象，认为将流域居民的补偿意愿与支付意愿的平均值作为生态补偿标准制定的依据更加公平合理。史恒通（2015）分析了对渭河流域城乡居民支付意愿的差异，指出水资源质量是影响居民支付意愿的主要因素。樊辉（2016）对石羊河流域居民的补偿支付意愿进行了研究，主张将测算的支付意愿结果每年572.62元/户作为补偿标准。

### 3. 生态效益价值依据

国际环境与发展研究所（IIED）指出流域具有产品提供、生物品种保护、水土保持、休闲娱乐等多种功能。以生态效益价值计量流域生态补偿标准主要是引用国外学者们的思想，常见的方法是采用市场价值法等来将流域的生态服务价值货币化。考斯坦萨（Costanza，1997）首次对全球生态系统的服务价值进行货币化评估，为补偿标准的制定提供了新的思路框架。该方法计算的补偿标准往往高于实际支付能力，但也是补偿标准确定的重要参考（杨光梅，2006）。

国外很多学者都偏重于使用该方法来确定补偿标准，迈克尔（Michael D.，2001）评价了墨西哥切勒姆湖（Chelem）红树林生态服务的使用价值与非使用价值。罗奇·布莱恩（Roach Brian，2006）运用生境等价分析法（HEA）通过测量生态服务的损失价值来去确定生态补偿标准。学者们运用市场价值法、市场替代法、影子工程法、计量模型构建等研究了流域水质水量变化对流域生态服务功能的影响，并对美国的蛇河（Snake）等的流域娱乐功能价值进行了评估。国内研究方面，张志强（2011）对1987~2000年黑河流域的生态服务价值变化进行了分析，并比较了上中下游流域面积与生态服务价值间的关系。乔旭宁（2011）构建了价值流转评价模型，测算了渭河流域上下游各自能够转移的生态服务价值，为流域下游补偿上游提供数据支持。范芳玉（2011）通过运用市场价值法、影子工程法等对大汶河流域的生态系统服务价值进行评估。段锦（2012）综合运用遥感技术和机会成本等计量方法科学评估了东江流域的生态服务价值，并对其时空变化进行了评价。周晨（2015）对南水北调中线水源区的生态服务价值进行了评估，分析了流域生态服务价值的主要类别和变化趋势。

### 4. 补偿标准的依据选择

流域生态服务功能价值法的计算结果数额庞大可作为补偿标准的上限，支付意愿的结果存在选择偏好可作为补偿标准的下限，以成本为依据的核算结果介于两者之间，可作为确定补偿标准的主要依据（乔旭宁，2012）。为进一步提高补偿标准的合理性和准确性，学者们也从其他视角进行了尝试探索。在标准的考核内容方面，学者们主要从流域的水质水量和产权两大方面进行研究分析。有些学者从保护水源质量的角度出发，将流域的水质指标作为核算内容对补偿标准进行了研究（石广明，2012；饶清华，2013）。有些学者从维持水量的角度出发，将流域的水流量作为核算内容来确定补偿标准（付意成，2014）。有些学者将水质和水量同时作为流域生态补偿标准的考核内容来对补偿标准进行研究（徐大伟，2008；郭志建，2013；张晓蕾，2014）。以水质水量为考核指标进行流域生态补偿标准的计量成为研究与实践的主要趋势。近年来，还有学者开始尝试将产权思想运用到流域生态补偿标准核算中。魏楚（2011）、孔凡斌（2013）等人以流域内的排污权作为补偿标准的核算内容，认为流域上下游拥有同样的污水排放权，为平衡流域整体的发展差异，超标使用排污权的地区应向未超标使用排污权的地区进行一定的经济补偿。李浩（2011）等人从水权角度，初始分配流域各区域的水权，通过上下游间的水权使用来确定流域生态补偿的标准。

随着对流域生态补偿标准研究的不断深入，为提高生态补偿标准计量的准确性，学者们开始同时使用以上两种或多种方法进行核算以确定最优的补偿标准（张落成，2011；乔旭宁，2012；李国平，2015），但同时也增加了计算数据的多样性和计算过程的复杂性。生态补偿是在一定的条件下进行，原则上只对环境保护者和环境受害者进行付费，但现实中由于监管不足，许多生态补偿项目的付费成为一种随意的给予，并没有发挥其应有的作用（Wunder，2007）。为充分激发利益相关者的积极性，制定出更加科学合理的补偿金额，普兰丁格（Plantinga，2001）等学者从供给角度出发，通过分析不同补偿标准下农户退耕的供给曲线变化趋势，推算出了适宜的补偿标准和退耕面积。生态补偿应考虑区域及利益相关者间的差异性，"一刀切"的补偿标准会影响生态补偿的效果（Wiinscher，2008）。实际操作中应考虑其他流域环境因素的影响，实施补偿标准的差别化（张树川，2005），并结合流域区域的经济发展水平、流域生态环境的改善程度、区域位置等对补偿金额进行一定比例的调整（刘玉龙，2006；吕志贤，2011；余光辉，2015）。流域生态补偿标准的计量方法多样，考核内容复杂，各有利弊，实际应用时可结合实施流域的现实需要，通过流域相关利益主体的协商博弈来确定（金淑婷，2014；王爱敏，2015）。

## 1.2.3　补偿运作模式选择

流域生态补偿模式也称流域生态补偿的运行方式、实施模式。学者们从不同的研究视角对其进行了探讨。

多数学者以流域生态补偿运行主体的视角将其分为政府补偿和市场补偿两种模式（孔凡斌，2007）。政府补偿又称政府付费，即政府相关部门按照一定的指标对流域相关利益主体实行的补偿，主要有财政转移支付、补偿专项基金、政策补偿、生态工程建设等形式（万军，2005）。政府付费是目前各个国家生态补偿中的主导模式（Scherr，2004），但也存在不可持续性等问题，因此学者们开始探索新的补偿模式，其中市场补偿最具代表性。市场补偿是将流域生态服务当作产品在市场上进行自由交易，按照参与者的数量可划分为一对一补偿和多对多补偿（Perrot Maitre，2001），补偿内容主要包括产权交易、税费补偿、生态标记、异地开发等形式（万军，2005）。关于两种补偿模式的应用，学者们存在不同的看法，王军峰（2011）等认为应以政府补偿为主，指出政府补偿可有效降低交易成本，适合对流域水资源这种公共物品的配置。付意成（2013）等则指出政府补偿的运行成本高、且实行时不具有差别化，对流域上下游的约束不足，市场补偿能提高流域生态补偿的效率，实现补偿机制的有效运行。市场补偿可通过自由交易促进生态环境质量的提高，弥补政府付费中的不足，具有流域生态保护与社会经济发展的双重效果。市场补偿是目前国外学者推崇的主要补偿模式。王清军（2006）、李小云等（2007）认为市场补偿取代政府补偿是未来发展趋势，但需要政府为市场创造适宜的条件。

为综合利用市场补偿和政府补偿的优势，避免各自可能存在的失灵问题，学者们通过对两者混合，提出了准市场模式，即政府构建市场的基本结构并为市场有效运行提供保障，市场进行流域水资源的再分配（常亮，2013）。此外，部分学者提出流域生态补偿为提高居民的参与度，还应增加非政府组织补偿和社会补偿等模式（高玫，2013）。

除上述主要的补偿模式外，有些学者从补偿方向的视角将流域生态补偿模式分为横向补偿和纵向补偿（黄炜，2013）；从激励程度视角将其分为"输血"型补偿和"造血"型补偿（刘平养，2014）；从补偿内容视角将其分为资金补偿、技术补偿、实物补偿等（刘桂环，2015）；从补偿阶段视角可分为基础性补偿、结构调整性补偿和效益外溢性补偿（秦艳红，2007）；从补偿层次视角分为全球性补偿、国家补偿、区际补偿、部门补偿、项目补偿等（赖力，2008）。实际应用中，不同分类的补偿模式可混合使用，实现补偿模式的多元化，以增强补偿的灵活性和适应性，促进流域生态补偿机制的顺利运行。

## 1.2.4　国内外研究述评

综观国内外学者们的研究成果，可以发现国内外学者关于生态补偿的研究主要集中在生态补偿含义界定、生态补偿机制设计等方面，但侧重点存有差异。国外研究倾向于以生态系统服务价值和支付意愿作为补偿标准的依据，倡导自由的市场交易补偿，侧重评价对生态环境的影响及如何提高补偿效率等。国内关于生态补偿特别是流域生态补偿的研究起步较晚，居民的环保观念意识较低，补偿模式以政府补偿为主，多以成本为依据进行生态补偿量的测算。国内外学者们的研究为流域生态补偿的顺利运行提供了参考，但也存在一些不足，为本书的研究预留了空间：

（1）流域水资源的流动特性让流域上游成为生态补偿的重点关注对象。因此国内外学者关于流域生态补偿更多是从激励的角度出发进行单向补偿，即对上游的生态环境保护行为进行付费，体现"谁保护谁受偿、谁受益谁补偿"的原则，但对流域上游生态破坏行为的惩罚并没有很好体现，缺失了"谁破坏谁补偿"的研究。

（2）流域中相关利益主体的界定基本达成一致，分为补偿主体和受偿主体，但对于各利益主体在流域生态补偿中的行为选择及结果分析的研究还较少涉及。流域中的上下游掌握信息的程度不同，存在信息不对称现象。明确各利益主体在流域双向生态补偿中的角色定位，通过行为路径分析引导利益主体积极参与是流域双向生态补偿机制构建的重要前提。

（3）标准测算是流域生态补偿机制构建的关键，直接影响最终的补偿效果。现有的核算研究中很少考虑到生态保护与污染破坏难易程度的差异，对保护和破坏行为采用统一的标准计量，缺乏一定的科学性。为体现生态补偿机制的针对性和适用性，部分学者提出要实行有差别化的补偿标准，但对于差别化标准的具体实施缺乏深入的研究。采用保护成本和重置成本体现流域生态保护与破坏污染的差别，精准计量行为造成的收益与代价，同时结合各区域的经济支付能力进行相应调整，深入系统地研究差别化的补偿标准，可进一步增强流域生态补偿机制的可实践性。

（4）流域中的上下游概念是相对的，以至于生态补偿的过程复杂，交易成本较高。关于如何有效降低生态补偿的交易成本，简化补偿流程，优化补偿资金的运行管理，提高流域生态补偿效率等问题需要进一步地研究。

## 1.3　研究内容与方法

### 1.3.1　研究内容

本书在当下流域生态环境恶化，国家鼓励建立健全生态补偿机制，推崇绿色发展道路的背景下，通过系统梳理目前国内外的相关理论研究和实践试点，结合生态、经济、资源环境等多个学科知识，找出本书的切入点，从双向补偿的角度构建流域生态补偿机制，并将山东省小清河流域作为实证案例，验证双向补偿机制的科学可行性。

本书的研究内容主要可分为以下五个部分：

（1）界定流域相关利益主体并分析其行为路径。系统梳理现有的相关研究，归纳总结不同角度划分的利益主体。根据研究需求，从现有实际状况出发，确定上下游政府作为双向补偿中的利益主体代表，明确责任权力主体。在此基础上，采用演化博弈和信号博弈的方法对流域生态补偿中上下游政府、水源地与上级管理部门间的行为选择进行分析，找出影响流域生态补偿效率的主要因素，为后续研究和双向补偿机制的构建奠定基础。

（2）制定双向的补偿标准，实现补偿差异化。补偿标准作为体现双向补偿特性的主要环节，在本书的第4章和第5章中进行论述。对每个利益主体而言，首先，根据流域利益主体行为外部性的正负进行保护性补偿和惩罚性补偿标准的计量，核算指标为水质和水量。其中保护性补偿中以水质水量的保护成本为依据，惩罚性补偿中以水质重置成本和水价为依据，明确体现了行为效益和危害结果的差别。其次，在此基础上，消除保护性补偿和惩罚补偿数额叠加后的耦合效应，采用以区域经济发展水平确定的补偿系数和受偿系数对双向补偿数额进行调整，实现流域各区域补偿标准的差异化，寻求各区域生态与经济发展的相互协调。

（3）双向补偿模式优化。生态补偿的顺利运行离不开上级管理部门的参与和介入。为带动各利益主体参与生态补偿的积极性，降低上级政府作用，实现各利益主体直接的相互补偿是研究的主要方向。本书提出逐级补偿的内涵，并分析了其运行逻辑和优越性，主张双向补偿机制以流域上下游逐级补偿的方式开展，上级政府负责调节作用，特别是当出现因调整后补受偿区域金额不对等时，由上级政府进行补足。

（4）深入探讨补偿资金的运作管理。在流域上下游各区域的补受偿情况确定后，对各区域内部具体的资金筹集、分配与管理进行了研究。结合第4章至第6章的补偿标准和补偿模式，深入分析补偿资金"怎么来"和受偿资金"如何分"的问题。构建了补偿资金的筹集与分配的层级模型，为资金的具体运作提供参考。资金的管理中应设立专门的管理机构规范操作，并开展定期评估考核，增强补偿资金的运作效率。

（5）小清河流域实证分析。上述四部分内容都属于流域双向补偿机制框架中的内容，最后一部分是将理论进行模拟应用。以山东省最大的内陆河小清河为例，对构建的流域双向补偿机制进行应用分析，根据小清河流域 2016 年的实际生态状况，核算流域内 6 个行政区域的具体补受偿数额，衡量各区域的行为贡献，并与原有的补偿标准相比较，验证双向补偿的流域生态补偿机制的科学性和可操作性。

## 1.3.2 研究方法

结合研究内容，本书采用实证分析与规范分析相结合，注重多种方法的综合运用。具体为：

（1）文献研究法。第 1、第 2 章通过对知网等数据库全面检索和图书馆、学院阅览室相关书籍的查阅，归纳整理流域生态补偿的相关文献资料，了解国内外生态补偿的研究现状，明晰存在的不足及发展态势，找出本书研究的切入点，探索构建科学合理的流域双向生态补偿机制。

（2）调查访谈法。对国内多条流域进行实地调研，了解目前流域的基本生态状况。第 8 章中对小清河流域的管理部门和监测部门进行实地和电话访谈，掌握小清河流域生态补偿的实施运行流程和实施效果，搜集相关的资料数据为后续研究提供保障。

（3）模型计量分析法。该方法是本书的主要方法。结合经济学、生态学、数学、管理学等多学科的知识，第 2 章通过构建演化博弈模型和信号博弈模型，分析各利益主体的行为选择，探寻影响流域上下游实现稳定均衡和源头与上级部门实现分离均衡的主要影响因素。第 4 章中构建了保护性和惩罚性的补偿标准模型，通过多曲线拟合筛选出污水处理成本与进水浓度间的函数关系式，利用 AHP 和熵权法综合确定了流域各区域水量分配比例。第 5 章中运用主成分分析法和 TOPSIS 法评价区域的经济发展水平，并以此确定了各区域的补受偿调整系数。第 7 章构建了补偿资金筹集与分配的层级模型。

（4）案例分析法。第 8 章以山东省小清河流域为例，结合现有补偿机制存在的不足，将构建的双向补偿流域生态补偿机制应用于此，测算小清河流域的差异化补偿标准，探讨小清河流域双向生态补偿模式及具体的补偿资金管理运营，并以此提出相应的保障措施，验证双向补偿机制的科学性，并根据实际状况不断完善。

# 第2章　基本概念及相关理论基础

生态补偿属于多学科的交叉领域，建立在多种理论基础之上。本章首先对双向补偿中涉及的基本概念进行界定，明确其具体内涵，随后从经济学、生态学等多个角度阐述相关理论，为流域双向生态补偿机制的构建提供理论支撑。

## 2.1　基本概念及内涵界定

### 2.1.1　生态补偿

生态补偿作为生态环境修复和管理的有效手段，随环境质量的不断恶化而逐渐受到重视。目前学术界关于生态补偿的内涵解释尚未形成统一的共识。从现有研究上看，主要包括两方面的含义：一是指自然意义上的生态补偿。根据《环境科学大辞典》（1991）中的定义，强调生态系统受到损耗或破坏时对自身生态服务功能的修复和还原。或者是指人们通过掠取、利用生态资源获得经济利益，导致自然系统无法自动修复，由人类的主观能动作用帮助恢复生态平衡的过程（毛峰，2006）。二是指经济意义上的生态补偿。将生态补偿看作是一种生态保护措施，通过经济手段将行为外部性内部化，有效调节利益主体间的利益分配。本书中的生态补偿是将后者含义作为研究的基础。

经济意义上的生态补偿内涵也在不断扩展变化，最初被认为是对生态环境破坏者的收费（毛峰，2006），之后演变为对生态系统服务提供者和保护者的奖励补助。毛显强（2002）认为生态补偿是通过对损害资源环境行为进行收费提高成本和对保护行为进行补偿提高收益的方式，增加利益主体行为的外部经济、减少外部不经济，从而实现更好保护资源生态环境的目的。汪劲（2014）以《生态补偿条例》草案的立法解释为背景，认为生态补偿是在综合考虑成本、价值的基础上，运用行政、市场等手段，由生态受益者、损害者向生态提供者、受损者支付金钱、实物、政策等方式，弥补其成本损失的行为。刘春腊（2014）提出生态补偿受到资源禀赋的影响，是在一定的地域范围内，调节人与人、人与地之间的利益关系。现有的生态补偿具有广义和狭义之分，狭义的生态补偿是指保护性补偿，这与国外的生态环境服务付费相类似，是指对生态服务提供者进行的服务价值购买或对生态保护者的损失进行补偿，激励利益主体更加积极地投身于生态保护中。目前许多研究将生态保护性补偿与生态补偿等同为一种概念，我国首部专门的生态补偿政策，即2016年国务院出台的《关于健全生态保护补偿机制的意见》，就强调了生态保护性补偿的重要性，并为其实践运作提供了依据。广义的生态补偿除了对生态保护者进行补偿外，还包括对污染破坏者的惩罚收费。广义的生态补偿对正、负外部性行为进行了综合考虑，从正向和负向两个方面引导利益主体的行为向积极保护方向倾斜。除完善发展生态保护性补偿外，国家也逐渐意识到对生态破坏惩罚的重要性，为此2018年出台《生态环境损害赔偿制度改革方案》对生态污染赔偿进行了详细规定。本书中的双向生态补偿，实际上是广义生态补偿的一种具体形式。

生态补偿与生态补偿机制常被混为一谈，本书认为两者不是同一概念。生态补偿是一种内容的界定，是对制度安排的描述。机制则是指事物内部各环节间的相互作用过程。生态补偿机制可看作是生态补偿的延伸和具体表现形式，是以生态补偿为目标开展的一系列的活动总称。本书通过对生态补偿机制的构建，以生态服务增值补偿、生态受益及破坏赔偿为依据，有效衔接补偿各环节，实现外部经济和外部成本的内部化，引导利益主体选择有利于生态环境保护的行为，实现人与自然的和谐发展。

## 2.1.2　流域生态补偿

流域生态补偿是生态补偿在流域中的具体应用，用来调节流域内各区域间的生态资源分配和利益纠纷。流域是以河道为中心,从河流源头到河口由分水线包围的地表水和地下水集水区域,是一个独立的、系统的水文单元,主要由水资源、土壤、植被等自然要素与经济社会等人文要素组成(冯慧娟,2010)。流域有别于森林、草地、矿山等其他的生态空间。水的流动性,致使流域外部效应明显。流域生态建设的投资保护者与受益者、生态环境损害者与代价付出者存在空间上的异置性。利益主体各自追求自身利益最大化,上下游间缺乏合作意愿,易发生利益冲突。流域生态补偿可有效解决外部性问题,维护流域内各利益主体的合法权益,促进流域生态经济利益的均衡。

流域生态补偿可从不同的角度进行界定。从法律角度上看,因流域中环境要素的影响具有单向性的特点,流域中上下游在水资源利用和保护方面存在利益不对等,流域生态补偿通过下游向上游的生态资源保护行为进行经济补偿等方式来协调上下游间的利益关系,可实现流域公平公正(钱水苗,2005);从流域管理的角度,流域生态补偿是对生态资源的重新配置,调整并改善现有流域资源开发利用和保护间的各主体利益关系,最终促进流域生态资源和社会生产力的发展(俞海,2007);从环境经济角度,流域生态补偿是将流域生态保护的外部性内部化的制度,让生态保护成果的受益者支付相应费用,用经济手段解决流域生态资源利用中的"搭便车"行为,激励上下游居民参与生态保护,保障流域生态产品的足额供给(沈满洪,2004)。流域生态补偿本质是通过法律、行政等手段激励生态资源保护行为,抑制生态破坏行为的一种利益调节机制,是有效促进人与自然和谐发展的制度安排(王金南,2006)。

与生态补偿的内容相类似,本书从经济角度对流域生态补偿做出解释。流域生态补偿作为生态补偿应用的重要领域,也有广义和狭义之分。借鉴已有研究,本书研究的是广义的流域生态补偿,将其内涵定义为:通过制度创新,将流域生态的外部经济和损害成本内部化,对流域生态保护和维护者给予合理补偿,对流域生态破坏者进行相应征税惩罚,采用经济手段优化流域生态资源配置,增强流域生态功能维护能力,激励利益主体参与流域生态环境的投资建设和保护,提高保护效率。

### 2.1.3 流域双向生态补偿

近两年，流域双向生态补偿开始在相关文献中逐渐展现，但多为意思上的体现，缺乏概念上的阐述。为此，本书对流域双向生态补偿的内涵进行阐释。

流域双向生态补偿属于广义流域生态补偿的范畴，综合考虑流域外部性的正向和负向两个方面，具体包括保护性补偿和污染惩罚性补偿（赔偿）两种类型（禹雪中，2011）。从产权角度解释，流域双向生态补偿是水资源产权动态化配置的体现，是流域上下游基于共建共享的原则，依据协议而开展的外部性内部化的补偿（张捷，2017）。本书中的流域双向生态补偿主要是指以水质水量为考核内容确定的补偿方向和补偿主体上的双向性，是对流域行为外部性的矫正，其中对正外部性的矫正，称之为"正向补偿"；对负外部性的矫正，称之为"负向补偿"。对流域同一主体，同时考虑外部经济和外部不经济进行的补偿，即为流域"双向补偿"。流域双向补偿通过对正外部性的激励和对负外部性行为的惩罚（陈莹，2017），调节流域内人与人、人与水资源间的利益关系，关键核心是实现对流域生态环境的补偿维护，减少生态污染破坏现象。

流域生态保护性补偿是对流域中增值生态系统服务价值或减少流域生态功能耗损的保护者和受损者的补偿。保护性补偿可看作为一种补助，属于流域良好生态环境维护的正向激励。具体的补偿内容包括：对水质改善和水量维护主体的补偿。实际中通常为流域下游对上游的补偿，受偿者为流域上游。以源头为主的流域上游为下游提供了优质的水源和充足的水量，此过程中丧失了一定的发展机会并进行了大量的资本投入，享受到正外部效益外溢的下游应对其给予合理补偿，从而增强上游进行流域生态保护的积极性，提高流域整体效益。

流域生态惩罚性补偿，又称损害性赔偿，是对流域生态受益者征税或破坏流域生态功能的主体进行惩罚收费，以赔偿其他主体的损失和用于流域生态系统的修复。惩罚性补偿的内容主要包括对水资源超量使用和水质污染的行为主体收费。流域上游的污染排放量超出约定水平，过度利用了可用水资源，超出了流域原有的环境承载力，造成下游水环境遭受污染，妨碍了下游正常的生产发展，上游应对下游做出赔偿。惩罚性补偿属于流域生态环境保护中的反向激励，通过提高利益主体的污染成本，抑制其对流域生态的破坏行为，有效维护了下游的合法权益，从反方向间接促进流域生态的改善。

流域双向生态补偿根据外部性的正负性，对产生正外部效益的主体进行补偿，对产生负外部效应的主体进行惩罚，体现了生态补偿的全面性和合理性。通过正向激励和负向行为抑制同时发力的形式，更好地促进了流域生态经济的协调发展，成为生态补偿在流域实践发展中的主要形式。

## 2.2　理　论　基　础

综合借鉴国内学者们的观点，本书认为流域双向生态补偿机制构建运作的主要理论依据为公共物品理论、外部性理论、生态资本理论和公平正义理论。

### 2.2.1　公共物品理论

公共物品理论最早是由瑞典经济学家林达尔（Lindale）在 1919 年提出，1954 年新古典经济学家保罗·萨缪尔森（Paul Samuelson）在《公共支出的纯理论》一书中对此进行了充实，并将公共物品理论的基本概念定义为："无论个体是否购买消费，其利益都会扩散给社会总体成员的物品"，这与"可以分割给不同的个体，消费不会对其他主体产生外在利益或成本的物品"的私人物品形成鲜明对比。相比于私人物品，公共物品具有两个基本特征：非竞争性（non-rivalrousness）和非排他性（non-exclusiveness）。非竞争性是指一个行为主体对某件物品的消费，不会影响和妨碍到其他行为主体同时对此物品的消费，也不会有损其他主体消费享用的数量和质量。即消费者人数的增加不会增加该物品的边际生产成本，不存在消费上的拥挤。非排他性是指物品被生产使用后，无论是否付费，所有人都可以享用，无法排斥任何一个消费者。非排他性存在的主要原因在于排他成本过高或存在排他上的技术难度。

　　根据两个基本特征的有无进行组合，可以将公共物品分为纯公共物品（pure public goods）和准公共物品（quasi-public goods）两大类。纯公共物品同时兼具非竞争性和非排他性，在现实生活中数量较少，多为社会基础设施。准公共物品又可分为具有非竞争性但有排他性的"俱乐部物品"和具有非排他性但有竞争性的"开放资源"。"俱乐部物品"限制了物品的可得性，当消费者超过一定的人数时，边际生产成本会迅速增大，容易产生"拥挤"问题（查尔斯，2016）。"开放资源"的非排他特性，导致人们都不愿意主动购买，而是等着享受他人购买所带来的利益，当所有人都具有"搭便车"的意图而缺乏主动提供公共物品的动力时，最终结果为没有人为产品付费，所有主体都享受不到该物品，出现公共物品的供给不足（沈满洪，2009）。

　　流域生态资源归国家所有的特征，决定了其为公共物品的属性。从流域整体角度来看，所有主体都可随意使用流域水资源和对河道进行污水排放等，这就体现了流域作为纯公共物品的特性。从流域内部来说，以水源地为例，为保证优质的水源和充足的水量，政府对水源地利益主体的行为和发展方式进行了限制，虽不妨碍其他主体对水资源的消费但有有限的可利用量，排他性明显，此时流域具有准公共物品的特性。流域生态资源作为公共物品，各利益主体从自身利益最大化的角度出发，采用各种方式开发利用生态价值但不对其进行保护投入，最终会引起流域生态恶化，造成"公地悲剧"。当利益主体对流域生态实施保护时，其下游不承担或部分承担保护成本便可享用外溢的效益，出现了"搭便车"的问题。

　　公共物品在消费上的不可分割性决定了其会出现供给不足、拥挤或过度使用的问题，造成资源配置无效率，可利用政府规制等手段解决（任勇，2008）。对于流域生态系统服务的使用，应通过制度创新对污染破坏者进行收费，对保护者进行激励，将流域资源看作为私人物品一样进行开发利用，有效避免可能出现的"搭便车"和"公地悲剧"等问题。流域双向补偿就是通过相关的制度安排，协调流域各方主体在流域生态利益与经济利益间的关系，激励保护者提供足额的生态供给，维护流域的长久发展。

### 2.2.2　外部性理论

　　1890年新古典经济学创始人阿尔弗雷德·马歇尔（Alfred Marshall）

在其《经济学原理》一书中，研究企业部门间的相互关系时提出的"外部经济"（external economics）为"外部性"（externality）概念的原型。随后，福利经济学家庇古从资源最优配置的角度对此进行了扩展，提出了"外部不经济"（external diseconomy），由此"外部性理论"基本确立。

外部性是指经济活动中交易主体对第三方利益产生的影响或行为主体自身活动对其他主体产生的影响。根据影响产生的阶段，可分为"生产外部性"和"消费外部性"。"生产外部性"是指生产者的行为对其他利益主体的福利产生了影响；"消费外部性"是指消费者的行为对其他消费者和生产者产生的影响（余永定，2002）。根据影响的正负，外部性可分为"正外部性"和"负外部性"。"正外部性"又称"外部经济"，是指经济行为主体的活动使他人受益，增加了福利但没有受到补偿；"负外部性"又称"外部不经济"，是指经济行为主体的活动损害了他人利益，但自身却不需承担任何成本。正、负外部性是经济主体不同行为结果的体现，也是外部性理论研究的主要内容。外部性的存在，导致经济活动中私人边际成本与社会边际成本、私人边际收益与社会边际收益不一致，难以达到资源配置的帕累托最优。正外部性表现中，行为主体的私人边际收益低于社会边际收益，由收益和成本决定的生产机制，会造成正外部性产品供给不足；负外部性行为则与之相反，其私人边际成本高于社会边际成本，会造成负外部性产品供给过量（沈满洪，2015）。

与亚当·斯密主张的市场这只"看不见的手"自主调节社会活动的观点有冲突，外部性是市场失灵的一种表现，其不受市场交易的影响，是经济行为主体决策时的附属品，具有一定伴随性，主体行为决策时虽然可以忽视该因素，但却实际存在、不可消除。外部性产生的结果对于受影响者来说具有强制性，属于被迫接受，但受影响者的态度选择是决定外部性效果的关键。当利益主体正常活动受到影响并对此介意时，外部性效果存在；若受影响者对遭受的外溢效应并不关心时，对受影响者来说外部性并不存在。

流域生态保护中，上游为维护良好的流域生态，在污染治理、河道疏浚及生态建设等方面花费了大额费用，下游未承担相应成本，无偿享用了外溢的生态效益，流域上游的生态保护行为具有显著的正外部性。

上游保护行为产生的生态效益大于所得的保护收益，但保护收益却难以弥补其保护成本，长期如此，会弱化上游的生态保护意向，威胁到流域生态的长久可持续发展。与之相反，当流域上游采取污染行为时，其独享所得收益，污染损失却由下游帮助承担。长期如此，会增强上游的污染力度，加速流域生态的恶化。

纠正外部性造成的资源配置不合理问题，主要有庇古主张的"国家干预"和科斯坚持的"市场交易"两种方式。庇古提出了"边际社会净产值"和"边际私人净产值"两个概念，认为外部性的存在导致两种净产值相互背离，应采用国家干预的手段，通过对正外部性行为进行补贴、对负外部性行为进行征税的形式，将外部性内部化，扭正两种净产值间的偏差（A. C. 庇古，2006）。新制度经济学家科斯（Coase R.）对此进行了驳斥，并提出了著名的"科斯定理"。科斯否定了庇古理论中外部性具有单向性的观点，认为外部性是双向的、具有相互性，可通过市场交易的方式解决。当产权明晰、市场交易成本为零时，交易双方可通过相互协商的方式实现外部性内部化。但实际中，自愿协商的交易成本比较高，产权界定工作不到位，实践中具有一定的局限性。尽管如此，科斯的交易成本理论在外部性问题上仍不失为一种有价值的解决思路。流域生态补偿中，我们可以将两种方式有机结合，有效矫正流域中的外部性，提高外部性内部化的实施效率。

### 2.2.3　生态资本理论

生态资本是从生态经济学的角度研究生态资源和生态系统，是影响可持续发展的关键要素。生态资本理论是一种新型的生态理论，是将生态环境与生态资源看作为资本，由布伦特兰委员会在 1987 年首次提出（严立冬，2010）。生态资本是生态资产货币化的具体表现。生态资本属于自然资本的范畴，具有资本的一般属性，即可以实现增值，产生未来的收益。

生态资本的内容广泛，涉及生命支持、生产及整个生态系统，从是否有人为参与的角度划分，可分为纯生态资本和人造生态资本（孙冬煜，1999）；依据再生能力的大小，可分为不可再生的生态资本和可再生的生态资本；依据作用功能划分，可分为生存必需的生态资本和参与生产生活的生态资本。结合生态资本不同的划分标准，其内容可以概括为四个方面：一是直接参与社会经济生产生活的资源总量和具有净化功能的生态资源；二是生态资源质量和数量不断变化的生态潜力；三是由水、空气等因素构成的人类生存所必需的生态环境质量；四是对人类生产生活有用的环境要素的整体系统。

生态资本除具有资本的一般属性外，相比于人力资本、物质资本等，还具有自身独有的特征：（1）生态资本具有一定的条件性。生态资本以生态资源和生态环境为基础，但并不是所有的生态资源都可以看为生态资本，只有能够带来经济社会效益、具备使用价值的生态资源才可以视为生态资本（严立冬，2009）。（2）生态资本的使用价值除了天然的生态资源存量外，也体现在人造的生态资源上。只要是经由人类建设和修复并满足一定生态条件的资本都具有使用价值。（3）生态资本可通过市场进行交易转换，在满足自身发展需要的前提下，通过自由交换获得可观的收入。生态资本以生态产品的形式进行交易，通过市场体现价值并将价值货币化，可将生态收益再次投入到生态环境的保护建设中，实现生态系统的良性循环。生态资本以生态功能、服务和资源存量产品等形式参与到人类的生产生活领域，成为经济社会发展不可或缺的重要因素。在生态资本的管理运行中，可利用先进的生态技术，将生态资本转化为不同的产品和服务，提高生态资源的利用率，有效维护生态存量（严立冬，2010）。随着生态环境的日益恶化、人与自然的矛盾不断加剧，生态资源的稀缺性凸显，具有多种功能价值的生态资源成为各利益主体争夺的对象，此时明晰的产权变得十分重要，是将生态资源资产化的重要依据。但生态资源的公共物品属性，导致产权不易确定。

生态资本经历了由"无价值论"到"有价值论"的演变过程，演变的关键在于解释生态资本中是否凝结着人类劳动。依据马克思主义的效用价值理论，认为生态资本中包含人类为获取资源和对生态进行投资保护的劳动，蕴含着调节、生产等多种生态价值，其中突出表现为使用价值（李萍，2012）。资源经济学家汤姆·蒂坦伯格（Tom Tietenberg）将生态资本分为使用价值、选择价值和非使用价值三类。考斯坦萨（Costanza）将生态资本划分为 17 种功能，并对其价值进行了核算，首次以货币化的形式说明了生态系统的巨大价值。之后，关于对生态资本价值的核算研究相继开展，采用的核算方法主要有成本法、影子工程法、替代市场法等。

生态资本是现代经济增长的重要组成部分，也是主要的制约因素（严立冬，2009）。流域的经济发展过程中，牺牲了大量以水资源为主的生态资本，导致生态资本日益稀缺，流域生态价值逐渐缩小。为有效维护流域生态价值总量，应保持流域生态系统的内部平衡，对水资源的利用量限制在生态系统可承受范围内，保护流域生态环境，不断积累可再生资源，保证生态价值的长效性。此外，作为生态文明建设的物质基础和国家实力的主要部分，应利用新的经济增长方式代替传统以牺牲生态、消耗资源而带来的经济增长，有效维护生态资本的价值。生态补偿可协调两者的关系，在流域领域，对生态资本增值的投资方予以回报，激励生态投资者积极保护流域生态环境、促进流域生态增值的同时带动经济的可持续发展。

## 2.2.4　公平正义理论

公平正义是对平等理念的一种追求，最初被看作为一种道德准则和价值观念，古希腊哲学家柏拉图（Plato）基于美德的视角从国家和个人两个层面进行了阐述。亚里士多德（Aristotle）从法学的角度，认为公平正义是刨除一切欲望的理性均衡，是以法律为载体，包括分配正义和矫正正义。其中分配正义是指资产、权利和荣誉等初始分配上的均衡，矫正正义是通过外在措施对不公平现象进行矫正。美国政治哲学家约翰·罗尔斯（John Bordley Rawls）将自由平等的公平转换为对政策制度公平的侧重。颜旭（2006）从政治学的角度可将公平正义界定为对公平基本权利的保证和资源的合理分配。也有学者利用马克思主义理论将公平正义运用到经济发展中。公平正义已成为现代经济社会发展的遵循准则和目标，成为社会主义核心价值观的重要组成部分。

本书中的公平正义采用的是法学视角下的理论依据，主要是指生态环境资源利用中公平，即环境正义。彼得和温茨（Peter S. and Wenz，1998）认为公平正义主要是指资源分配的公平。每个人都有享受福利健康等要素不受侵害的环境权利，不得被迫承担与行为不一致的生态恶果，是公平正义的本质所在。生态资源中的公平正义强调不同区域、不同种群、不同个体间的公平性与一致性。生态系统中的各区域具有平等的发展权利，由于地理位置、资源禀赋的差异，具有先发优势的地区不能过度破坏生态并将损失成本转嫁给其他地区；从种群的角度上看，人与其他生物都是自然的有机组成部分，具有平等的享受资源和发展的权利，不能因为一方的过度需求而抑制、剥夺了其他物种应有的利益，生态系统中应尽可能满足各方的合理需求，达到系统的均衡；生态系统地各利益主体既要公平的享用生态资源带来的益处，也要平等地分摊生态修复的成本，做到代内不同类型主体间的公平和代际主体间的平等。本书主要探讨同代主体在生态资源中的公平正义。

生态系统中，所有人都有平等维护生态均衡、保护生态环境的权利，也有平等获取资源以满足自身发展的权利（任勇，2008）。公平正义是可持续发展的具体表现，是科学发展的主要依据。但随着生态环境日益恶化、资源利用不均衡和资源总量约束的加剧，社会的科学发展变得十分重要和难得。马克思主义的科学发展观是以人为本，要实现经济社会与生态的协调发展。公平正义在发展中追求相同背景下起点、过程和最终结果的平等与公平，平衡各方利益（张杰平，2012）。其中，结果公正是关键，是实现真正公平正义、享受平等权利与义务的保障。公平正义之所以被强调，主要在于现实中存在不公正的现象。生态环境与资源利用中的不公正主要体现为生态破坏与责任承担的不公平，各区域资源利用的不平等和成本分摊上的不公正。生产与消费中对环境污染损害的利益主体往往承担的责任较小，经济发展水平的差异导致生态损害的恶果多由贫困地区承担，阻碍了其正常发展。

在流域生态管理中，由于制度、自然等各种因素的影响也存在不公平现象，如水源地拥有丰富充足的资源，但为保证流域整体的水资源利用，其生产方式和利用量会受到限制，出现了"富饶的贫困"。为此，应采用科学合理的措施解决不平衡，实现流域的公平正义。实现流域公平正义的方式有法律、政策、经济等多种手段，要想保持公平的长效性，应设计科学的机制，调节流域各区域、各主体间的利益关系，均衡资源的供给与需求。生态补偿作为实现流域公平正义的有效手段，以资源保护为目标，采用经济手段解决人与自然的矛盾，诱导区域经济与生态的平衡，实现流域发展的公平正义。

# 2.3 流域双向生态补偿的理论阐述

按照资源的使用情况划分,生态补偿可分为保护性补偿和惩罚性补偿,即对生态资源的保护者进行补偿、对生态资源的破坏者进行惩罚。

生态补偿的关键在于初始产权的分配。我国的流域资源归国家所有,个人和地方政府只有使用权,流域所有权主体的虚置导致上游用水强调自身的发展权,下游用水则主张自身的合理使用权,上下游用水矛盾频繁发生。从经济学的角度分析,以上游区域为研究对象,若将流域初始产权划分给上游,则上游的用水是合理的,当上游保护好时需要下游对此进行付费,属于保护性补偿,但这容易造成下游水资源紧张甚至威胁流域生态安全;若将流域初始产权界定给下游,此时上游需要为其排污付出代价,向其下游付费,属于惩罚性补偿,但这会使原本不发达的上游地区变得更加落后,有违公平性。

实践证明,流域初始产权无论是归于上游还是下游,在追求自身利益最大化的前提下,流域上下游双方都容易陷入"囚徒困境"致使生态补偿机制难以实行。现有的研究中,学者们多将初始产权默归为上游,下游需要对上游进行补偿以减轻上游保护清洁水源的财政压力,关于上游对下游的补偿方面涉及较少。流域双向补偿是基于共建共享原则,实行的是流域产权的动态化配置(张捷,2017)。即上下游达成一定的协议,当上游完成协议目标时,下游需要对上游的保护行为进行补偿,当上游未完成协议目标时,则需要对下游造成的损失进行补偿。

## 1. 保护性补偿的理论分析

保护性补偿主要是针对流域上游①的行为而言。由于流域位置的不可转换性,流域上游的行为会对其下游产生影响。流域中的上游存在两种可选择的行为:一是对流域进行生态建设,保护流域生态环境。该行为需要大量的资金、人力和物力投入,甚至丧失部分发展机会。因保护而产生的生态效益,上游只享受其中一部分,大量的生态效益外溢,下

---

① 这里的流域上游是相对概念,除了流域最下游,其他区域相对于其下游来说都是上游。

游可以免费享受，出现保护主体和受益主体不一致的现象（钱水苗，2005）。二是开发利用拥有的水资源，实现自身的经济发展。该行为对本区域的发展有利，但在水资源使用过程中产生的污染会影响到下游的用水安全，产生外部不经济。

面对两种选择，在没有补偿的情况下，上游会倾向于利用水资源发展自身经济。因为此时上游企业、农户等利益主体的私人收益曲线低于社会收益曲线。但选择该行为的弊端是会导致整条流域的资源利用无效率，下游难以生存。为此应对流域上游进行补偿，扭转其行为倾向，激励其采用对流域进行生态保护的行为。保护性补偿的理论逻辑如图 2-1 所示。

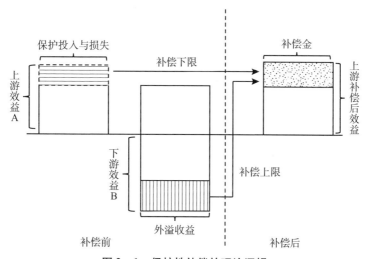

图 2-1 保护性补偿的理论逻辑

对实行流域生态保护的上游来说，对流域的生态保护投入、减少污染破坏、放弃应有的发展机会属于特别牺牲，存在保护责任的不公平。流域水资源的其他使用者应共同承担并对其做出补偿，弥补上游的保护成本投入，保证上游的经济利益。否则，易导致上游生态保护的积极性受挫，出现对水资源过度利用、生态供给不足等行为，导致流域资源枯竭。因此无论从公平还是实践运行的角度都应该对流域生态保护行为进行补偿，激励利益主体更好地投身于生态保护中，努力降低现有的保护成本，提高保护效益，促进流域生态与经济的和谐发展。

对流域下游来说，要想利用优质水资源、保证自身经济的正常发展也应对上游的保护行为做出补偿。接下来将举个简单例子来说明。

我们知道，流域生态补偿中通常会设定一个水质标准来保证流域生态。假设允许的流域污水浓度最高为 R，流域上下游污染物的排放对流域浓度会产生不同的影响。具体如图 2 - 2 所示。

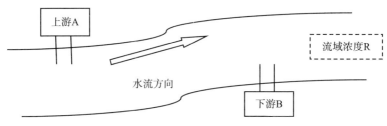

**图 2 - 2　上下游对流域水质浓度的影响**

当流域上游 A 和下游 B 向河流中排放相同单位的污染物时，通常情况下，下游 B 引起的污染物上升浓度比上游 A 的高。这是因为当上游 A 排放的污染物在流动过程中由于河流自身的清洁能力会被稀释，而下游 B 排放的污染物到达监测处被稀释的程度较小加上上游污染物的累积，所以浓度较高。

上游 A 和下游 B 的排放对政策目标 R 的影响差异可用传递系数 $a_i$ 来表示。传递系数（$a_i$）是指污染源 i 多排放一单位污染物，引起受点浓度上升的恒定数量（Tom Tietenberg，2016）。利用该定义，可得流域水质的浓度水平与上下游排放的关系如下：

$$K_R = \sum_{i=1}^{n} a_i E_i + C \qquad (2-1)$$

其中，$K_R$ 表示流域的整体浓度；$E_i$ 为第 i 个污染源的排放水平；n 为流域内污染源的总数，C 为背景浓度水平（污染物的天然来源或区域外污染源导致的流域原有浓度）。

接下来我们讨论上下游的减排责任。假设流域上下游具有相同的边际减排成本曲线，流域设定的标准浓度为 16 个单位，一排放单位对应一单位污水浓度的上升。由于流域上下游位置的差异性，上游可排放的污染物为 10 个单位，而下游可排放的污染物为 6 个单位。下游要想发展需要得到更多的污染物排放权，可向上游以补偿的方式进行购买。通常下游的经济发展程度高，单位排放效益要高于单位减排成本，所以下游愿意对上游进行补偿。当下游对上游进行补偿时，上游出于对流域的保护只排放 7 个单位，剩下 3 个单位留给下游（由于传递系数的存在，下游得到的排放单位要低于上游授权的排放数量），这样就实现了流域各区域的平衡发展。因此应对上游的保护行为进行补偿，只有这样才能保证流域资源的高效配置，实现流域生态与经济发展的可持续性。

## 2. 惩罚性补偿的理论分析

水资源利用会造成水生态功能价值的损耗，合理的补偿是协调上下游用水主体关系、实现水资源高效配置的重要举措，有利于向帕累托最优方向演进。

流域中的利益主体均为理性经济人，只考虑自身的利益最大化，难以顾及流域整体的均衡。上游地区通过加大排污量或增大用水量可获取更多的经济利益，但会对其下游产生负外部性，进而引发上下游间的用水矛盾。如果不对上游的负外部性行为加以遏制，会加剧流域生态恶化的趋势。如图 2-3 所示，展现了生态惩罚性补偿对抑制上游污染与超标利用水资源行为、均衡上下游间利益的有效作用。

从图 2-3 中可以看出，对经济发展的追求和用水需求的不断增加，上游倾向于增加对水资源的掠取和污染来获取额外收益 C。农户会增加化肥、农药的施用量来提高农作物产量，企业会增加高耗水的项目数量、简化污水处理步骤，降低排污成本来增加利润等。上游高耗水、高污染的生产方式超出河流自身的净化能力后，会造成流域水质的严重污染和下泄水量的枯竭，导致河道生态服务功能价值降低，给下游的用水带来负向影响，形成的损失为 D，此时上下游区域用水矛盾不断显现。比如 1997 年，黄河断流高达 226 天，给山东省造成上百亿元的直接损失。该情况上游所得利益大于其承担的责任，如果不对上游的行为进行约束，上游不会主动放弃经济利益而缩减资源利用量，只会进一步加大流域的污染程度，来获取更多的利润，下游的受损程度也会进一步加大。

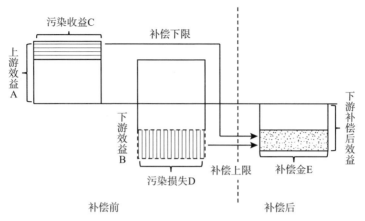

图 2 – 3　惩罚性补偿的理论逻辑

　　为有效控制流域生态质量，对上游的超量排污和利用行为进行惩罚，增加其水资源利用的私人成本。生态损害方上游对受损方下游的补偿量为 E，以此将流域的负外部性内部化，弥补下游的损失，刺激上游积极保护流域生态环境。其中上游因超标利用水资源获得的额外利益 C 为补偿金额的下限，下游在生产生活及生态环境方面的损失 D 为补偿金额的上限。惩罚性补偿的实施，会促使上游转变高污染、高耗水的生产经营方式，积极探索绿色清洁生产来实现自身的高收益，优化流域生态补偿效果。

# 第3章 流域双向生态补偿利益主体及其行为选择

流域生态补偿机制的实质是对流域资源、财富的再分配。为避免或减少流域资源开发利用中可能产生的矛盾与冲突，明确补偿中相关利益主体的责权利是流域生态补偿机制运行的重要前提。对流域生态补偿中利益主体的行为选择进行分析，可有效提高生态补偿效率，保障生态补偿效果。

## 3.1 流域双向生态补偿利益主体分析

流域生态补偿中涉及较多的利益主体，学者们从多个角度运用不同的理论进行了阐述，在归纳总结已有研究的基础上，本书将主要从利益远近、补偿方向和时间代际三个层面进行论述。

### 3.1.1 基于利益远近的主体分析

利益相关者理论最初应用于企业经营等商业领域，20世纪90年代末开始应用于自然资源管理方面。美国的战略管理学家弗里曼（Freeman）在1984年首次阐释了利益相关者理论的内涵，提出利益相关者是指对目标实现有影响或在达成目标过程中被影响的个人和群体组织。该理论具有合法性（legality）、权力性（power）和紧急性（urgent）的特征。应用于流域生态补偿中，利益相关者是指影响流域生态保护、建设以及在生态补偿机制开展中所采取的相关措施影响到其利益的关系主体。

利益相关者分析的主要目的是明确利益的相关方，甄别出相关利益主体的性质、作用和重要程度，对利益主体进行有效"瞄准"，为后续工作的开展奠定基础。利益相关者的判别主要利用研究者的经验判断或通过文献查阅，对个人、政府管理部门、科研机构、知情人员和专家学者等进行半结构性访谈或调查问卷等形式获取信息，形成结论。不同的判别方法及学者对利益相关者的界定标准存有差异，可从影响力、参与度和经济利益性等方面对生态补偿中利益相关者进行界定（龙开胜，2015）；也可依据影响程度、积极性、参与性和权力等确定利益相关者的分类（郑海霞，2009）；还有学者按照利益相关者的受影响程度和重要性进行优先次序划分（刘桂环，2015）。如图 3-1 所示，本书在上述研究的基础上，结合流域生态补偿的实际和该理论的特征，从影响程度、重要性、积极性和利益迫切性四个维度将利益相关者分为核心、次核心和边缘利益主体。其中，影响程度指是否具有左右补偿结果的能力，若有则表示影响程度大，反之则影响程度小；重要性是指在生态补偿中被关注的程度，制定决策时被考虑的越多，代表重要性越强；积极性表示利益主体参与生态补偿的主动性，可用参与数占利益主体总数的比例表示，比例越高，参与性越强；利益迫切性则是指利益主体的相关利益在生态补偿中所受影响大小，若利益直接受到影响，则表示利益迫切性越强。

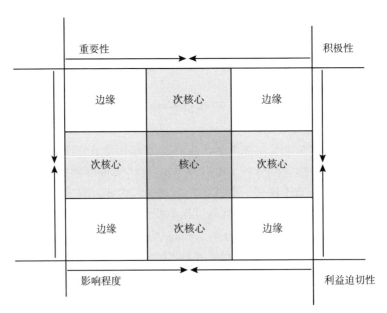

图 3-1　利益相关者的划分标准

### 3.1.1.1　核心利益主体

核心利益主体是流域生态补偿利益直接相关者，是生态补偿中的关键主体，具有利益相关者划分标准中 3 个及以上指标的特点。核心利益主体在流域生态补偿中有较强的影响力和利益需求，对生态补偿有正确的认知，有较强的主动参与能力，是开展生态补偿首要考虑对象，能够直接决定生态补偿机制的运行效果。

流域生态补偿中的核心利益主体通常包括流域上下游的政府、农户、居民、养殖户，上游的村集体和上游的污染企业等。流域生态系统服务具有公共物品的特征，外部性明显，上下游政府负责补偿政策的制定和管理，决定补受偿的方式和标准等。其中上游政府具有较强的政治和经济利益追求，改善生态环境的同时努力提高地区的人均收入水平，加强民生建设投入；上游农户是生态系统服务的提供者和消费者，为保护流域生态，改变传统的生产结构和方式，对水资源的利用量减少，经济利益受损，甚至移民放弃原有的生存环境，其经济利益迫切性强，当得不到合理的补偿时，积极性减弱直接影响生态补偿的开展；上游的养殖户和污染企业等对流域生态环境的影响较大，他们是参与补偿的重要对象，其经济利益受到直接影响；为保证下游的水质和水量，需要改变上游的土地用途，实行退耕还林、还湿等生态措施，村集体是上游的土地所有者，在生态补偿中经济利益受到直接影响，决定补偿能否顺利实施。

流域下游政府则偏重于本地区的生态效益，是生态补偿资金的主要来源；下游农户、居民的农业灌溉用水和生活用水安全需求强烈，参与补偿的积极性较强，其补偿意愿直接影响补偿效果；流域下游的畜禽、渔业等养殖户养殖用水安全直接影响到其经济利益大小，是生态补偿中的重点关注对象，是补偿资金来源的重要组成部分。

### 3.1.1.2　次核心利益主体

次核心利益主体与流域生态补偿机制的形成是有紧密联系的，具备利益相关者界定标准中 2 个及以上指标的特点。他们为生态补偿提供大量的信息、资源和技术，是生态补偿机制的具体落实者，参与的主动性较强，能够影响生态补偿的运行或其利益受到生态补偿的影响。当其利益受到损害或诉求得不到回应时，会阻碍生态补偿的发展。

流域生态补偿中的次核心利益主体通常为上下游的环保机构、水土管理部门、林业单位、金融投资机构及科研机构等。上下游的环保机构、水土管理部门和林业单位致力于维护流域整体的生态平衡，追求生态价值，生态补偿没有直接影响到其经济利益，本身的职责和对政治利益的追求促使他们积极地投身于生态补偿中，是生态补偿机制运行中的协调者和决策者；金融投资机构为生态补偿提供资金帮助，主要追求经济利益，受政策的引导和对生态环保问题的期望，投资机构能够积极主动地参与其中；科研机构主要为生态补偿的运行提供技术和信息支撑，如协助监测水质、水量等指标或帮助优化生态补偿中的部分环节，提高补偿效率等。

### 3.1.1.3 边缘利益主体

边缘利益主体是在流域生态补偿中具备 1 个及以上利益相关者划分标准的利益主体。他们与生态补偿没有直接利益联系，无法实质性的影响生态补偿的实施，因此重要性较低，参与的积极性较弱。边缘利益主体在生态补偿相关措施的开展中常会被动地受到影响。

流域生态补偿中的边缘利益主体主要有社会公众、专家学者、媒体、环保非政府组织（NGO）及生态旅游部门等。社会公众可以享受到生态补偿所产生的外部性效益，但不是生态补偿费用的直接支付者，可通过改变消费方式、追求绿色需求等方法间接保护流域生态；专家学者和环保 NGO 没有决策权，无法直接参与生态补偿机制的运行，主要负责呼吁社会保护流域生态环境，对生态效益的追求是其参与生态补偿的动力；媒体则起到宣传作用，帮助社会各界对生态补偿政策有正确的认知，同时监督生态补偿机制运行，公开相关的补偿标准、方式和结果等信息，及时发现补偿中的问题，为流域生态补偿机制的完善提供外部保障；生态旅游部门主要依靠良好的流域生态环境吸引游客，若生态补偿实施顺利，可促使生态旅游实现快速发展，增加经济收益，若水质水量遭到破坏，则会受到严重影响，造成经济收入损失。因此，生态旅游部门通过追求生态效益而实现经济效益增加的迫切性较强，在很大程度上易被动受到影响。

## 3.1.2　基于补偿方向的主体分析

根据补偿方向的不同，流域生态补偿中的利益主体可分为补偿主体和受偿主体（也称为补偿客体）。徐光丽（2014）从生产用水、经营用水和生态用水三方面分析了补偿主客体的特征。结合现有研究，本书对补偿主体和受偿主体进行分析。

### 3.1.2.1　补偿主体

流域生态补偿主体既包括在流域水资源利用过程中的受益者也包括污染破坏流域生态环境者。可遵循"谁污染、谁补偿""谁破坏、谁补偿""谁受益、谁补偿"和"谁利用、谁付费"的原则对补偿主体进行界定。

（1）"谁污染、谁补偿"。向流域排入大量污染物，导致水质水量不达标的利益主体需要为其行为付出代价。该类利益主体通常包括：①河道沿线的造纸、炼油、电镀等小型企业。该类企业产能落后，排污强度大，多数直排入河造成负外部性。②流域周边随意排放生活污水、乱扔生活垃圾的居民。其未经处理的厨房用水、洗涤用水及乱堆乱弃的农业废弃物等很容易被冲刷至河流，影响水质。③流域周边的养殖群体。畜禽养殖（养鸭最为突出）及渔业养殖会产生大量的污染物，畜禽粪便、饵料等极易被排入河道，污染流域水质。污染流域生态的主体应支付一定费用补偿由其自身行为产生的负外部性影响。

（2）"谁破坏、谁补偿"。与污染补偿不同，破坏补偿主要是指超出规定范围，因其自身行为导致流域生态环境破坏、威胁流域生态安全的利益主体。该类利益主体主要包括：①污水处理厂、垃圾填埋场等营运企业。当因污水处理不合格、垃圾或渗滤液外泄等对流域生态造成实质性破坏的，应支付补偿费用。②对流域生态环境进行故意破坏的个人或企业。流域周边的用水户或经营单位因过度伐木、超量用水、酷渔滥捕等行为造成流域内水土流失严重、水资源短缺、生物多样性受到威胁的需要补偿其行为带来的外部损失。③区域政府。当具体的生态破坏者难以界定时，当地政府则应承担相应的补偿责任进行流域生态的修复。

（3）"谁受益、谁补偿"。享受良好生态资源，在流域生态中受益获利的主体应进行付费。流域上游进行生态环保建设，受流域水资源流动特性的影响，通常流域下游的居民、企业单位和政府都为受益主体。①流域下游的居民。下游居民享受到优质的水资源和充足的水量，身体健康程度、生活环境及心理幸福指数得到明显提升，应对其收益行为支付费用。②以旅游为主的流域下游企业。良好的流域环境是开展水资源相关旅游的重要前提。从上游环保中受益的旅游等相关企业应进行补偿。③下游政府。上游的生态环保建设，有利于下游更好地维持生态平衡，减少环保投入。且良好的流域生态带动多个产业发展，增加了政府财政收入。此外，流域资源的公共性特征，不容易确定具体的受益主体，此时下游政府应作为代表承担补偿责任。

（4）"谁利用、谁付费"。为确保流域的可持续发展，开发用水主体应为其取用水资源支付一定费用，对上游和国家的生态建设进行合理补偿。该类补偿主体主要包括：①用水的村民及村集体。他们对流域水资源的利用一方面体现在农业灌溉和牲畜用水，另一方面体现为居民的生活用水。②用水的企业。以企业为代表的工业用水主要体现在原材料加工、产品处理等阶段对水资源的消耗。③政府。为维持稳定的流域生态系统平衡需要一定的生态用水，该部分主要由政府承担补偿。④其他特定的活动类型。主要包括养殖业、渔业、水电行业及流域航运业等方面的用水。相关主体利用良好的水资源获取经济效益，应分担国家和上游的环保投入成本。

### 3.1.2.2 受偿主体

受偿主体主要是指对流域生态进行保护或牺牲自身发展以提供高质量生态系统服务、对流域生态做出贡献的利益主体。可遵循"谁保护、谁受偿""谁牺牲发展、谁受偿""谁受损、谁受偿"的原则对流域受偿主体进行有效界定。

（1）"谁保护、谁受偿"。主动进行流域生态建设、为流域生态保护投入了大量的人力和资金，但保护行为与收益不对等的利益主体应该得到补偿。具体为：①流域上游的居民。为保证一定的流域生态环境质量、维持充足的水源，流域上游居民进行退耕还林、植树造林、森林管护、生活垃圾集中处理等措施保护生态环境，投入了资本，产生了正外部效益，应受到补偿。②区域政府。政府通过建设湿地、引导开办污水处理厂、河道治理等公共措施开展流域环保建设，需要大量的资金投入，从公平角度而言，其生态贡献应该受到补偿。对流域生态保护者进行补偿，可有效提高相关主体继续保护的积极性，同时有利于流域生态环境的可持续改善。

（2）"谁牺牲发展、谁受偿"。为保证流域水资源的可持续利用、保障流域生态安全，水源使用权和排污权受到限制及牺牲自身发展权的利益主体应受到补偿。通常为流域上游的个人、企业和地区政府：①个人。个人对流域生态保护做出的牺牲主要体现为转变生产方式和生态移民。为保证高标准的水质，减少面源污染，流域内农民会减少或不用农药化肥，致使农业产值降低。流域居民的外迁打破了原有的地域关系网，其社会权、经济发展权等受到损失，面对的潜在风险增加。②企业。对水资源依赖性较强的企业通过搬迁、关停等方式放弃利用水资源所带来的经济社会效益，同时幸存企业转变生产方式，实行绿色转型升级间接对流域生态进行保护。③政府。上游政府放弃引入高污染、高能耗的企业，减少了污染破坏，牺牲当地的经济发展来为下游提供充足的水量和良好水质，"源头现象"凸显，产生的高额机会损失应受到补偿。

（3）"谁受损、谁受偿"。流域中所有的相关利益主体都具有平等的发展权，当因其他主体的行为导致自身利益受到损害时，应得到相应补偿。受偿主体主要为流域一定半径内所辐射的群体，具体为：①流域居民。当上游来水质量较差、水量不足时，下游居民应有的用水权受到损害，给农业、养殖业等涉水产业造成损失，威胁到日常用水安全，应得到补偿。②涉水经营单位。旅游公司、河道航运企业、渔业养殖单位等因流域生态环境的破坏造成经济效益受损，应受到一定的补偿来弥补损失。

除上述受偿主体外，提供流域生态系统服务功能和被破坏、污染的生态系统也应受到补偿。

## 3.1.3　基于代际的主体分析

对流域生态补偿中利益主体的分析中，现有的研究多集中于对当代利益主体的分类探讨，关于代际补偿的问题涉及较少。流域生态系统服务提供或消费的外部性不仅体现在横向的空间上，还表现为纵向的时间上，因此，基于代际视角对生态补偿主体分析对增强补偿机制的科学性具有重要意义。以时间为指标，流域生态补偿的利益主体可分为当代主体和后代主体。

### 3.1.3.1　当代主体

当代主体，顾名思义，是指流域生态补偿在当今时代下涉及的利益主体，也是生态补偿的主要利益主体。其行为能够直接影响或决定生态补偿机制的运行，具有行为主动性和可选择性。为追求各自的经济利益和生态效益等，当代主体积极参与到流域生态补偿机制的制定、执行和协调中。当其相关利益诉求得不到满足或受到生态补偿的恶性影响时，能够通过行为选择阻碍流域生态补偿的顺利实施。

当代主体中既有流域生态系统服务的提供者，也有生态服务的消费者；既有生态补偿资金或服务的支付者，也有补偿资金的受偿者。

### 3.1.3.2　后代主体

从可持续发展和公平的角度来看，流域生态资源的利用要顾及下一代的正常需求和发展。后代主体是流域生态补偿中被动的接受者，其所处的生态环境和生态资源量受到上一代行为的影响。

当上游的当代主体过度消耗资源、破坏流域生态时，除了要对其空间上的下游受损主体进行一定补偿，还需要为掠夺其后代资源福利而进行相应补偿，此时，后代主体为生态资源利用的受害者；当上游进行生态环保建设、提供优良的生态环境时，除了接受流域下游利益主体对其保护成本的分担，后代主体也应为享受到充足的生态资源和优质的流域生态环境而进行补偿，此时，后代主体为流域生态资源利用的受益者。当然，后代主体存在缺位现象，无法进行准确的界定。从现实可操作的角度考虑，为争取公平的发展权益，可成立专门的委员会或组织机构对其行为进行替代。

流域内各区域关系复杂、涉及的利益主体众多，能够直接影响生态补偿机制运行或利益被影响的核心利益主体是首要考虑对象。而且，补受偿方向会根据利益主体的行为和衡量指标达标情况的改变而转变。从实践可操作性上看，准确界定所有利益主体的成本过高，而且部分领域技术难度大。目前，政府是生态补偿的直接推动者和主要的资金来源。因此，本书以上下游地区政府作为利益主体代表进行后续的相关行为分析。

## 3.2　流域上下游政府间演化博弈分析

流域生态补偿的顺利实施需要具备一定的条件，即"流域中的利益相关者都愿意参与并能够认真按照协议执行"。流域中的双方主体在生态补偿中都力争实现自身利益最大化，但在补偿过程中，其利益不仅与自身决策有关，还会受到其他利益主体决策选择的影响。流域生态补偿是否能够实现高效运行取决于流域上下游双方的博弈结果。

流域上下游政府围绕着利益而开展的相互博弈是影响生态补偿机制运行效率的根本原因（李胜，2011）。传统的博弈是建立在利益主体完全理性的前提下，但现实中的利益相关者通常为有限理性。演化博弈是有限理性主体间的博弈（胡振华，2016），利益双方通过多次博弈，不断调整自己的战略决策，直至达到最优、最满意的均衡状态。在本书的研究中，流域中的利益相关者关于生态补偿标准、补偿模式的确定并非一次完成，而是依据获取的信息在反复博弈中不断调整，最终选择出最优策略。因此本书综合考虑生态补偿和生态赔偿，利用演化博弈对流域"双向补偿"中利益相关者的合作行为进行研究，挖掘影响生态补偿机制运行的深层次原因，为流域生态补偿的高效运行提供参考。

### 3.2.1　基本假设

为方便分析，研究以流域上下游政府作为利益主体代表进行博弈推断。根据流域的基本特点，做出如下假设：

第一，流域上下游政府经过协商，遵循"谁污染谁补偿、谁受益谁补偿、谁保护谁受偿"的原则签订了双向补偿的生态补偿协议，衡量指标为水质和水量。

第二，流域上游为了本地区的长久发展，一方面可以选择投入资金、人力等对水源进行保护，为下游提供充足、优质的用水。另一方面也可以充分利用水资源发展当地经济，但会造成一定的水污染，影响下游的正常用水。当上游政府采取水源保护行为时，会获得下游政府的补偿。当上游政府没有达到协议的水质水量，则因侵占下游权利而对下游进行支付。实践中，为保证整个流域的和谐发展，国家会对上游水源地的部分行为进行限制来保证一定的水源质量，所以在生态补偿中上游政府更偏好于通过保护来获取补偿。

第三，流域下游用水与上游来水的质量数量密切相关，其可采取的战略是"积极执行"和"不积极执行协议"两种。当上游牺牲了经济发展为下游提供清洁、充足的水源时，下游政府可以对其进行补偿来弥补相应的保护成本（也就是积极执行协议），也可以享受优质水源是权利为由选择不补偿（不积极执行补偿机制）；当上游造成水质污染或水量不足时，下游会积极按照协议规定，要求被补偿。

第四，流域中上下游政府不认真遵守协议规定时，会受到相应的惩罚。以水质水量为衡量指标，便于监测，因此监管成本暂且忽略。

## 3.2.2 演化博弈模型的构建

完善的流域生态补偿中，上游政府进行生态保护时会得到生态效益产出 A（A 具有时滞性，会随时间的延长而不断增长），不进行保护时会得到效益 S（刚开始 S 较大，但随着污染的不断加重，S 会逐渐减少甚至为负）。生态保护需要付出的总成本为 $C_1$，当上游的下泄水质水量达到协议标准时，获得下游的补偿金额为 $R_1$。由于流域生态资源的外部性，上游生态保护后下游的效益为 H，上游生态污染破坏后下游的效益为 L(H > L)。当上游下泄的水质水量指标低于协议标准时，下游会因为用水权被侵占而获得上游补偿金 $R_2$。当下游不积极执行协议时会获得上级惩罚 F。

为计算简便又不失一般性，参数 A、$C_1$、$R_1$、$R_2$、H、L 都为正数。博弈过程中，上下游选择不同的策略，所得的收益会有差异。

（1）当上游选择保护河流生态、下游积极执行补偿协议时，上游的收益为 $A + R_1 - C_1$，下游在获得收益 H 后还需要支付补偿金 $R_1$；当上游选择保护河流、下游不认真执行协议标准（即不补偿）时，上游

的收益为 $A - C_1$，下游会受到惩罚，收益变为 $H - F$。

（2）当上游选择不尽力保护而发展地区经济、下游认真执行协议标准时，上游在获得收益 S 外还需要向下游支付 $R_2$，下游的收益为 $L + R_2$；当上游不保护、下游也不执行生态补偿时，上游的收益为 S，下游的收益为 L。当用水受到影响后，下游一般不会置之不理，所以上游不保护、下游不执行生态补偿协议的情况在现实中通常不会存在。

流域生态补偿中作为行为主体的上下游政府的期望收益及博弈矩阵如表 3-1 所示。

表 3-1　　　　　　　　　流域行为主体的博弈矩阵

| 上游政府 | 下游政府 | |
| --- | --- | --- |
| | 参与执行 | 不参与执行 |
| 保护 | $A + R_1 - C_1$，$H - R_1$ | $A - C_1$，$H - F$ |
| 不保护 | $S - R_2$，$R_2 + L$ | S，L |

## 3.2.3　复制动态及进化稳定路径分析

假设上游选择保护流域生态的概率为 x，选择不保护流域生态的概率则为 $1 - x$。下游参与执行生态补偿协议的概率为 y，选择不参与执行生态补偿的概率为 $1 - y$。根据博弈矩阵，得到生态补偿中上游选择保护流域生态的期望收益 $\mu_{b1}$、选择不保护流域生态的期望收益 $\mu_{b2}$ 和上游地区整体的平均收益 $\mu_b$ 分别为：

$$\mu_{b1} = y(A + R_1 - C_1) + (1 - y)(A - C_1) \qquad (3-1)$$

$$\mu_{b2} = y(S - R_2) + (1 - y)S \qquad (3-2)$$

$$\mu_b = x\mu_{b1} + (1 - x)\mu_{b2} \qquad (3-3)$$

同理，下游政府选择参与生态补偿的期望收益 $\mu_{k1}$、选择不参与执行生态补偿协议的期望收益 $\mu_{k2}$ 和下游地区整体的平均收益 $\mu_k$ 分别为：

$$\mu_{k1} = x(H - R_1) + (1 - x)(R_2 + L) \qquad (3-4)$$

$$\mu_{k2} = x(H - F) + (1 - X)L \qquad (3-5)$$

$$\mu_k = y\mu_{k1} + (1 - y)\mu_{k2} \qquad (3-6)$$

### 3.2.3.1　上游政府的进化稳定路径

根据式（3-1）~式（3-3），可得上游选择保护策略的演化过程如下：

$$\frac{dx}{dt} = x(\mu_{b1} - \mu_b) = x(1-x)(A - C_1 - S + R_1 y + R_2 y) \quad (3-7)$$

令 $F(x) = \frac{dx}{dt}$，求解该方程的一阶导数，得到 $F'(x) = (1-2x)(A - C_1 - S + R_1 y + R_2 y)$，根据微分方程运动的稳定性，令 $F(x) = 0$，求得上游政府存在两个可能的稳定状态点，分别为 $x = 0$ 和 $x = 1$。

（1）当 $y = y^* = (C_1 + S - A)/(R_1 + R_2)$（$0 < y^* < 1$，即 $0 < C_1 + S - A < R_1 + R_2$）时，总有 $F(x) = 0$。也就是说，当下游以 $(C_1 + S - A)/(R_1 + R_2)$ 的概率水平进行积极参与生态补偿时，无论上游政府采取何种策略，其收益都没有差异，即对于所有的 $x$ 而言都处于稳定均衡状态。上游政府的复制动态图如图 3-2（a）所示。

（2）当 $y > y^* = (C_1 + S - A)/(R_1 + R_2)$ 时，上游的行为主体存在 $x = 0$ 和 $x = 1$ 两个可能的稳定均衡点，由于 $F'(1) < 0$，所以此时 $x = 1$ 是演化稳定策略。上游政府主体的复制动态图如图 3-2（b）所示。从图中可以看出，当下游以高于 $(C_1 + S - A)/(R_1 + R_2)$ 的管理水平执行生态补偿协议时，上游政府为获得补偿资金，会由"不保护河流生态"向"保护河流生态"的方向演进，最终在两种可选的策略中倾向于选择"保护河流生态"策略。当生态保护产出效益不断增大或生态补偿资金较大时比较容易满足条件，能更好地促进上游主动进行流域生态保护。

（3）当 $(C_1 + S - A)/(R_1 + R_2) \leq 0$，即 $C_1 + S - A \leq 0$ 时，上游的行为主体存在 $x = 0$ 和 $x = 1$ 两个可能的稳定均衡点。其中 $F'(1) < 0$，$F'(0) > 0$，$x = 1$ 为上游政府的演化稳定均衡策略。相应的复制动态如图 3-2（b）所示。当生态效益产出和补偿资金较大时，上游的演化博弈路径由"不保护河流生态"向"保护河流生态"的方向演进，最终的稳定演化策略为"保护河流生态"。

（4）当 $y < y^* = (C_1 + S - A)/(R_1 + R_2)$ 时，上游的行为主体也存在 $x = 0$ 和 $x = 1$ 两个可能的稳定均衡点，由于 $F'(0) < 0$，所以此时 $x = 0$ 是演化稳定策略。上游政府主体的复制动态如图 3-2（c）所示。从图中可以看出，当下游以低于 $(C_1 + S - A)/(R_1 + R_2)$ 的概率水平执行生态补偿协议时，上游从自身利益最大化的角度出发，为避免生态补偿资金的支出，其策略选择会由"保护河流生态"向"不保护河流生

态"的方向演进，最终的稳定演化策略为"不保护河流生态"。当生态保护效益尚不显著、生态补偿资金数额较小时，上游政府更容易选择"不保护河流生态"的策略。

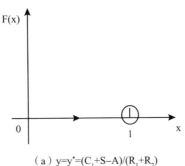

（a）$y=y^*=(C_1+S-A)/(R_1+R_2)$

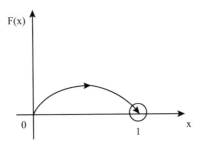

（b）$y>y^*=(C_1+S-A)/(R_1+R_2)$或$C_1+S-A\leqslant0$

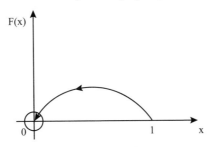

（c）$y<y^*=(C_1+S-A)/(R_1+R_2)$或$C_1+S-A\geqslant R_1+R_2$

图3-2　流域上游政府的复制动态

（5）当$(C_1+S-A)/(R_1+R_2)\geqslant1$，即$C_1+S-A\geqslant R_1+R_2$时，上游政府存在$x=0$和$x=1$两种可能的稳定均衡点。其中$F'(0)<0$，$F'(1)>0$，则$x=0$为上游政府进行流域生态保护演化博弈的进化稳定

策略。相应的复制动态如图 3 - 2（c）所示。生态补偿中当保护成本大于保护带来的生态效益产出、不保护时的收益和补偿金额较大时，上游更倾向于选择"不保护河流生态"策略，演化路径从"保护河流生态"转向"不保护河流生态"。

### 3.2.3.2 下游政府的进化稳定路径

根据式（3 - 4）~ 式（3 - 6），可得下游积极参与生态补偿、认真执行生态补偿协议策略的演化过程如下：

$$\frac{dy}{dt} = y(\mu_{k1} - \mu_k) = y(1 - y)[R_2 - (R_1 + R_2 - F)x] \quad (3 - 8)$$

令 $F(y) = \frac{dy}{dt}$，求解该方程的一阶导数，得到：

$$F'(y) = (1 - 2y)[R_2 - (R_1 + R_2 - F)x]$$

根据微分方程运动的稳定性，令 $F(y) = 0$，求得下游政府存在两个可能的稳定状态点，分别为 $y = 0$ 和 $y = 1$。

（1）当 $x = x^* = R_2/(R_1 + R_2 - F)(0 < x^* < 1$，即 $F < R_1$）时，总有 $F(y) = 0$。这说明无论下游政府采取积极执行生态补偿协议还是不执行补偿协议的策略，其所得收益是相同的。对于所有 $y$ 而言都处于均衡稳定状态，下游政府的复制动态如图 3 - 3（a）所示。

（2）当 $x > x^* = R_2/(R_1 + R_2 - F)$ 时，这时下游的行为主体存在 $y = 0$ 和 $y = 1$ 两种可能的稳定均衡点。其中 $F'(0) < 0$，说明 $y = 0$ 是下游执行生态补偿协议演化博弈的进化稳定策略。相应的复制动态如图 3 - 3（b）所示。根据图中的进化轨迹可以看出，当上游政府以高于 $R_2/(R_1 + R_2 - F)$ 的概率进行河流的生态保护时，下游政府的策略选择会由"执行生态补偿"向"不执行生态补偿"的路径演进。当惩罚力度 $F$ 较小、下游支付的补偿金较少时越容易致使下游政府偏向于选择"不执行生态补偿"。

（3）当 $x < x^* = R_2/(R_1 + R_2 - F)$ 时，这时下游的行为主体存在 $y = 0$ 和 $y = 1$ 两种可能的稳定均衡点。其中 $F'(1) < 0$，说明 $y = 1$ 是下游执行生态补偿协议演化博弈的进化稳定策略。相应的复制动态如图 3 - 3（c）所示。从图 3 - 3（c）中可以看出，当上游政府以低于 $R_2/(R_1 + R_2 - F)$ 的概率进行河流的生态保护时，下游政府执行生态补偿协议演化博弈的进化路径由"不执行生态补偿协议"向"执行生态补

偿协议"的方向演进。不认真执行的惩罚金额越大、需要支付的补偿金额越大越容易促使下游政府选择"执行生态补偿"。

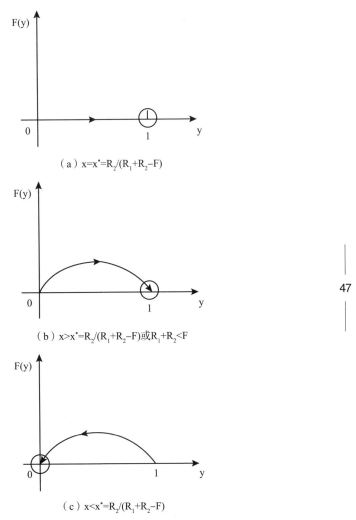

（a）$x = x^* = R_2/(R_1 + R_2 - F)$

（b）$x > x^* = R_2/(R_1 + R_2 - F)$ 或 $R_1 + R_2 < F$

（c）$x < x^* = R_2/(R_1 + R_2 - F)$

**图 3 - 3　流域下游政府的复制动态**

（4）当 $R_2/(R_1 + R_2 - F) < 0$，即 $R_1 + R_2 < F$ 时，下游政府存在 $y = 0$ 和 $y = 1$ 两种可能的稳定均衡点。其中 $F'(1) < 0$，$F'(0) > 0$，$y = 1$ 是演化稳定策略。相应的下游政府复制动态如图 3 - 3（b）所示。当不遵守补偿协议时的惩罚大于生态补偿资金时，处于自身效益的考虑，下游的策略选择会趋向于认真执行补偿协议，其演化博弈中的稳定策略为"执行生态补偿"。

### 3.2.4　演化博弈稳定策略参数讨论

微分方程式（3-7）和式（3-8）构建了流域生态补偿中演化博弈的动态复制系统，描述了流域生态补偿中上下游政府合作关系的主体动态。分别令 $F(x)=0$、$F(y)=0$，可得上下游政府合作关系有 5 个局部均衡点，分别为 $(0, 0)$、$(0, 1)$、$(1, 0)$、$(1, 1)$ 和 $(x^*, y^*)$，其中 $x^* = \dfrac{R_2}{R_1 + R_2 - F}$，$y^* = \dfrac{C_1 + S - A}{R_1 + R_2}$。弗里德曼（Friedman, 1991）提出描述群体动态的微分方程，其局部稳定性可由雅克比矩阵（Jacobi）的稳定性分析推算得到。微分方程式（3-7）、式（3-8）所对应的雅克比矩阵为：

$$J = \begin{bmatrix} \dfrac{\partial F(x)}{\partial x} & \dfrac{\partial F(x)}{\partial y} \\ \dfrac{\partial F(y)}{\partial x} & \dfrac{\partial F(y)}{\partial y} \end{bmatrix}$$

$$= \begin{bmatrix} (1-2x)[A - C_1 - S + (R_1 + R_2)y] & x(1-x)(R_1 + R_2) \\ y(1-y)(F - R_1 - R_2) & (1-2y)[R_2 - (R_1 + R_2 - F)x] \end{bmatrix}$$

根据的弗里德曼思想，对上述雅克比矩阵的稳定性进行分析，可得到 5 个局部均衡点对应的行列式和迹。具体如表 3-2 所示。

表 3-2　　　　　　　　　　雅克比矩阵稳定性分析

| 局部均衡点 | $Det(J)$ | $Tr(J)$ |
|---|---|---|
| $(0, 0)$ | $R_2(A - C_1 - S)$ | $R_2 + A - C_1 - S$ |
| $(1, 0)$ | $(R_1 - F)(A - C_1 - S)$ | $R_1 - F + A - C_1 - S$ |
| $(0, 1)$ | $-R_2(A - C_1 - S + R_1 + R_2)$ | $R_1 + A - C_1 - S$ |
| $(1, 1)$ | $(F - R_1)(A - C_1 - S + R_1 + R_2)$ | $C_1 + S - A - R_2 - F$ |
| $(x^*, y^*)$ | $\dfrac{R_2(F - R_1)(C_1 + S - A)}{R_1 + R_2 - F}\left(1 - \dfrac{C_1 + S - A}{R_1 + R_2}\right)$ | $0$ |

从表 3－2 中可知，流域生态补偿演化博弈取决于上游的收益大小。上游政府的决策选择直接影响着生态补偿演化博弈的方向，是实现期望演化稳定策略的关键。

流域生态补偿的目的是用经济手段协调各方利益，促进流域生态不断改善，实现流域的可持续发展。因此流域生态补偿演化博弈的最优策略应是上下游自主合作，共同保护流域生态，即（1，1）为期望的演化稳定策略。根据雅克比矩阵的稳定性原理，复制动态系统若要（1，1）成为进化稳定均衡点，其对应的行列式应该满足一定的条件。即：

$$
\begin{cases}
\det. J = \dfrac{\partial F(x)}{\partial x}\dfrac{\partial F(y)}{\partial y} - \dfrac{\partial F(x)}{\partial y}\dfrac{\partial F(y)}{\partial x} \\
\qquad = (F - R_1)(A - C_1 - S + R_1 + R_2) > 0 \qquad (3-9) \\
\text{tr. } J = \dfrac{\partial F(x)}{\partial x} + \dfrac{\partial F(y)}{\partial y} = C_1 + S - A - R_2 - F < 0 \qquad (3-10)
\end{cases}
$$

根据式（3－9）和式（3－10）可知，流域生态补偿演化博弈中（1，1）的进化稳定性分为两种情况。第一种情况：

$$
\begin{cases}
S - R_2 < A + R_1 - C_1 \\
R_2 < F \\
C_1 + S < A + R_1 + F
\end{cases}
$$

此时（1，1）为唯一的进化稳定策略。上下游政府的博弈演化相位图如图 3－4 所示。这说明当上游同时满足采取不保护所得的净收益（$S - R_2$）小于保护后所得的净收益、不保护支付给下游的补偿金小于惩罚金额时，其最优的策略为主动进行河流的生态环境保护。其中流域保护成本 $C_1$、上游不保护时的所得收益 $S$ 与政府合作策略的选择呈负相关关系，上游保护后的生态效益产出 $A$、下游支付给上游的补偿金 $R_1$ 和上游不保护时支付给下游的补偿金 $R_2$ 与政府合作策略的选择呈正相关关系。第二种情况：

$$
\begin{cases}
S - R_2 > A + R_1 - C_1 \\
R_2 > F \\
C_1 + S < A + R_1 + F
\end{cases}
$$

此时上述三式相互矛盾，无法形成演化稳定策略。

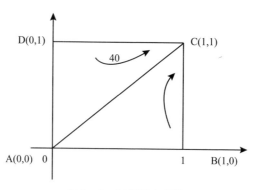

**图 3 - 4 复制动态相位**

从上述分析可知，流域生态补偿中两个行为主体演化博弈的进化稳定策略受上游原有收益、上游进行河流生态保护成本、上下游各自的补偿金额及不执行时的惩罚金额等因素的影响。具体的影响方向及说明如表 3 - 3 所示。

**表 3 - 3　　　流域生态补偿中上下游政府合作关系的影响因素**

| 参数 | 相位图演化方向 | 解释说明 |
|---|---|---|
| $S$ | $\downarrow S$，主动合作 | 不保护时的所得收益越小，选择保护合作的概率越大。事实上，不保护时的收益会随着环境污染程度的加重而不断减少，行为主体选择全面合作的比例会不断增大 |
| $C_1$ | $\downarrow C_1$，主动合作 | 生态保护成本越小，行为主体间的合作障碍越小，越容易促进双方的相互合作 |
| $R_1$ | $\uparrow R_1$，主动合作 | 上游遵守补偿协议时所得的补偿资金越大，所得的净收益越大，采用保护合作的策略比例越大 |
| $R_2$ | $\uparrow R_2$，主动合作 | 不遵守补偿协议造成水质污染后需要支付给下游的补偿金额越大，上游会倾向于采取保护合作策略，以减少自身的收益损失 |
| $A$ | $\uparrow A$，主动合作 | 生态保护的生态效益产出越大，越能吸引上游主动进行生态保护。实际中，生态保护效益产出是一个由小到大的渐变过程，会保护时间的延长而不断增大，有利于合作稳定策略的演进 |

| 参数 | 相位图演化方向 | 解释说明 |
|---|---|---|
| F | ↑F，主动合作 | 引入奖惩机制，增加了不认真执行协议的成本。惩罚力度越大，为规避损失，上下游政府选择保护参与补偿协议的比例会增加 |

## 3.3　上游政府与上级管理部门的信号博弈分析

### 3.3.1　背景分析

依据演化博弈的分析结果可知，上游政府是推进生态补偿、实现流域生态良性发展的重要因素，但高额的保护成本是上游自觉进行河流生态保护的主要障碍。而且博弈中存在一个重要假定：只要上游积极保护就能达到协议的水质水量标准。现实中，流域中的生态环境受自然条件、社会环境等多种不确定因素影响，同一区域的水量在不同季节会有差异，水质也会受到周边及上游面源污染的影响。为保证优质充足的水资源，上游政府采取植树造林、退耕还林、建造湿地、修建污水处理厂等措施后，生态保护效应的时滞性和影响因素的多样性导致投入大量资金后的保护效果不一定显著，甚至出现保护后水质水量不达标需要补偿下游的困境。在此情况下，上级管理部门应对上游区域进行一定的补偿，以缓解其生态保护投入的资金压力，增强其生态保护的积极性。

上级管理部门对上游地区的补偿主要体现在上游积极保护后但仍出现水质水量未达标的情况。在该补偿中，上级管理部门与上游地区存在信息不对称，相互之间不断博弈。为追求自身利益最大化，上游地区有可能谎报信息，出现获得上级管理部门补偿，但流域生态恶化更严重的现象。信息经济学的理论中提出可通过信号传递来解决信息不对称问题（张维迎，2004）。

信号博弈是由斯彭思（Spance）在 1974 提出的，指的是在有先后顺序的博弈中，先做出决策的博弈方有多种类型的选择，后做出决策的博弈方只能做出一种选择。在不知道顺序优先的博弈方做出何种选择时，后决策的博弈方只能依据前者传递的信号进行调整并做出判断的过程（费尔南多·维加，2006）。上级管理部门对上游地区的补偿就是典型的信号博弈问题。上游地区是信号的发送者，作为理性经济人，上游地区有"真实上报保护状况"和"谎报保护状况"两种类型，只有它自己知道所选择的决策，属于信息优势方。上级部门掌握的信息不完全，只知道先验概率，对于上游地区是进行了积极保护还是敷衍保护无法准确获知，只能依据上游地区释放的信号进行判断，但也不能完全依据信号来进行决策（谢识予，2002）。实际中，为获取更多利益，上游地区会选择大力发展自身经济，同时伪造自己积极保护的假象来获取补偿。所以上级管理部门补偿上游地区的博弈中，关键是看顺序优先的上游地区释放何种信号和顺序靠后的上级管理部门如何甄别信号真伪。

近年来，信号博弈在大气污染治理、绿色能源补贴等环境保护方面被广泛应用。上级管理部门对上游地区的补偿中，上游地区通过信号传递向上级管理部门表达自己的行为。将上游的环保行为作为信号，建立上游地区与上级管理部门间的信号博弈模型，研究二者不完全信息下动态博弈中的行为选择，分析博弈过程中混同均衡和分离均衡条件，有利于实现生态补偿、改善流域生态的目标。

## 3.3.2 信号博弈模型的构建

### 3.3.2.1 模型假设

上级管理部门补偿上游地区的信号博弈中包括流域的上游和一个流域的上级管理部门。上级管理部门是整个流域的管理机构（通常为上一级的政府），具有高于上下游地区的决策权，调控整个流域的生态与经济发展。根据流域生态补偿的运作机制，做出如下假设：

（1）对于流域生态环境，上游地区虚拟的自然选择类型可分为"认真保护"和"敷衍保护"两种，即 $T = (T_H, T_L)$。上游地区知道自己的执行策略为 $T_H$ 还是 $T_L$，但上级管理部门却无法获知。其中 $T_H$ 为上游地区积极认真地执行补偿协议，采取植树造林、污水处理等多项措施进行流域的生态保护，并为之付出了高昂的保护成本 $C_1$，该成本不仅有直接投入成本 $C_1^1$，还包括间接牺牲所产生的机会成本 $C_1^2$，$C_1^1 + C_1^2 = C_1$；

$T_L$ 为上游地区存在欺骗动机，不愿为保护水源做出太多牺牲，会通过污水处理厂的不合规排放、对污染企业掩盖放纵等方式发展自身经济而大量利用水资源。申报时则会为以各种理由哭诉自己不达标的结果，推脱自己的保护责任。上游地区敷衍保护的成本较小，为 $C_2$（$C_2 < C_1$），遮掩违规发现的成本为 $C_3$，敷衍保护时的额外收益为 $W$。

（2）该补偿政策中，上游地区会依据自身类型发出两种不同的信号 $M \in (M_H, M_L)$，其中 $M_H$ 为向上级管理部门要求补偿的信号，$M_L$ 为不要求补偿的信号。作为理性经济人，当上游对流域生态进行积极保护时，一定会发送信号 $M_H$ 要求补偿；当上游敷衍保护时，可能发送信号 $M_H$ 要求补偿（即谎称进行了积极保护），也可能发动信号 $M_L$，如实表明自己的行为选择。根据可选择的行为种类和发出的信号，上游地区有三种可能的类型，分别为认真保护后向上级发出补偿信号 $R(M_H | T_H)$、敷衍保护向上级发出补偿信号 $R(M_H | T_L)$ 和敷衍保护向上级发出不补偿的信号 $R(M_L | T_L)$。

（3）上级管理部门根据接收到的上游信号得到自己的行动集合 $B = (B_H, B_L)$，其中 $B_H$ 为上级管理部门对上游地区的保护行为进行核查后补偿，$B_L$ 为上级管理部门相信上游的申报信息为真实信息，对上游地区的保护行为不核查直接补偿。

（4）假设上级管理部门只要核查就能准确判定上游地区的行为策略，上级管理部门进行核查的概率为 $\theta$，不进行核查的概率则为 $1 - \theta$。核查时所产生的费用为 $g$，核查结果发现上游说谎申报补偿的概率为 $\lambda$，会对其进行惩罚 $F_2$，若真是采取了积极保护措施则对其补偿 $D$。如果上级管理部门选择不核查，则上游地区选择虚假信号申报会加速流域生态恶化、造成社会损失 $J$（该损失会影响政府信誉，可看成是上级管理部门的损失费用）。

（5）信号博弈中的双方都是理性的，追求自身利益最大化。

### 3.3.2.2　博弈过程

上游地区对上级管理部门的博弈属于不对称信息下的 Stackelberg 动态博弈。其博弈的基本过程为：

第一步：制定政策，当上游积极保护河流生态后仍达不到协议标准时，上级管理部门会对其进行相应补助。

第二步：上游地区自然选择行为类型，其中选择"积极保护"的概率为 $P(T_H)$，选择进行"敷衍保护"的概率为 $P(T_L)$。

第三步：根据政策要求，向上级申报自身的保护行为，请求补偿。其中，$p(T_H \mid M_H)$ 为上游申报补偿时真实策略为积极保护的条件概率，$p(T_L \mid M_H)$ 为上游申报补偿时真实策略为敷衍保护的条件概率，满足 $P(T_H \mid M_H) + P(T_L \mid M_H) = 1$。

第四步：根据上游地区申报的信息，上级管理部门考虑是否进行核查检验，对获取的信息进行修正后做出决策。

该博弈过程中，由于信息不透明，上游地区为了追求自身利益，在没有进行生态保护时，很有可能谎称虚报来获取补助金额。即无论实际情况如何，在申报时都说自己进行了积极保护，这样就形成了混同均衡。也有可能会实事求是，按照自身的实际保护情况叙述，形成分离均衡。上级管理部门需要综合保护成本、惩罚金额、核查费用等多种因素，选出最优策略。

### 3.3.3 信号博弈均衡点分析

上级管理部门补偿上游地区的博弈中存在多种状态的均衡，在分析信号博弈中的均衡条件时，根据 Nash 逆向归纳法则，先确定上级管理部门进行核查的条件再确定上游地区发送何种信号的条件（张国兴，2013）。

#### 3.3.3.1 *上级管理部门采取行动的均衡点分析*

当上级管理部门接收到流域上游地区申报补偿的信号时，对信号的真伪进行核查（即采用行动 $B_1$）的期望费用为：

$$U_1^1(T, M, B) = p(T_H)(g + D) + \lambda p(T_L)(g - F_2)$$

相信信号的真实性而不对上游的保护行为进行核查（即采用行为 $B_2$）的期望费用为：

$$U_1^2(T, M, B) = p(T_H) \cdot D + p(T_L)(D + J)$$

因此，当上游地区要求因水源保护而补偿时，上级管理部门对上游地区的保护行为进行核查的前提条件为：

$$U_1^1(T, M, B) \leqslant U_1^2(T, M, B)$$

即：

$$p(T_H)(g+D) + \lambda p(T_L)(g-F_2) \leqslant p(T_H) \cdot D + p(T_L)(D+J)$$

$$0 \leqslant p(T_H) \leqslant 1 - \frac{g}{D+J+F_2+\lambda(F_2-g)} \qquad (3-11)$$

相对应的，当上游地区发出申请补偿的信号，上级管理部门不对其保护行为进行核查的前提条件为：

$$U_1^1(T, M, B) \geqslant U_1^2(T, M, B)$$

即：

$$1 - \frac{g}{D+J+F_2+\lambda(F_2-g)} \leqslant p(T_H) \leqslant 1 \qquad (3-12)$$

当上级管理部门接收到的信号为上游没有进行积极保护，导致水质水量不达标并不申请补偿时，此时上级管理部门不会对上游地区进行补偿，因此也没有必要对上游地区的保护行为进行核查。期望费用为零。

### 3.3.3.2　不核查条件下的博弈均衡

在满足式（3-11）的前提条件下，上级管理部门对接收到的信号不进行核查，对申报补偿的一律进行补偿，此时存在混同均衡和分离均衡两种状态，考虑两种均衡情况，分析均衡结果对上游地区行为的影响。

**1. 混同均衡状态**

混同均衡中，不论上游地区实际选择了何种行为类型，都声明自己对流域生态进行了积极的保护并做出了发展牺牲。

如果上游地区的实际行为是积极保护，则如实申报信息的期望收益为 $D-C_1$，虚假申报声明自己没有进行保护的期望收益 $-C_1$，作为理性经纪人从自身利益最大化的角度出发，此时的上游地区不会弄虚作假导致自己失去应有的补偿，所以该情况下上游地区的最优选择为（$T_H$，$M_H$），$p(M_H \mid T_H) = 1$；如果上游地区的实际行为是敷衍保护，则可随机选择发送信号的类型。此时为得到上级的补偿金，上游发送虚假信号的概率会增大。敷衍保护的上游地区不要求补偿的期望收益为 $W-C_2$，发送与自身行为不相符信号时的期望收益为 $W+D-C_2-C_3$，当 $W+D-C_2-C_3 > W-C_2$，即 $D > C_3$ 时该信号博弈形成混同均衡状态，此时上级管理部门无法准确判断上游地区的行为选择，信号传递发挥的作用有限，总体属于市场部分成功的有效均衡。

**2. 分离均衡状态**

分离均衡中，上游会根据自身的实际行为发送真实信号，即进行积极保护时则会声明认真进行了生态保护，满足 $p(M_H|T_H)=1$；敷衍保护时也会如实说明，$p(M_1|T_L)=1$，$p(M_2|T_L)=0$。

当上游采取积极保护并如实申报补偿时的期望收益为 $D-C_1$，大于其提供虚假信号时的收益，所以对河流生态实行积极保护时上游的最优选择是如实申报。当 $D<C_3$ 时，上游为发展自身经济而敷衍保护的期望收益为 $W-C_2$，若要实现分离均衡，让上游地区如实地说明自己的行为类型，满足 $W-C_2 \geqslant W+D-C_2-C_3$，敷衍保护的水源地会如实说明自己的行为类型，实现分离均衡。该种情况下，上游地区发出的信号能够真实反映出地区的实际行动，上级管理部门也能够根据信号准确判断上游地区的实际选择类型。

从上述分析中，我们可以得知，在上级管理部门不进行核查的前提下，上游地区选择发送何种信号类型取决于上级补偿金额与伪装成本的大小。从实际情况出发，积极保护过的上游肯定会如实说明自身行为，寻求上级管理部门的补偿，这也是该政策制定的初衷。为了发展自身经济而敷衍保护的上游地区则会容易存在逆向选择和道德风险。当上级管理部门不核查上游地区的保护行为时，只要上级管理部门的补偿金额大于其伪装欺骗的成本，那么上游地区会倾向于选择采取虚假瞒报，形成混同均衡，来实现既发展经济又获得补偿的双赢战略，但该种情况会给社会带来损失，具有"损人利己"的特征。所以应增大伪装掩盖的成本，确定合理的补助金额，让虚报行为的收益低于实报行为的收益。当伪装掩盖成本 $C_3$ 很高时，就算上级不核查，没有积极保护的上游地区也会提供真实信号，促使混同均衡向分离均衡演变，杜绝上游敷衍保护时的投机行为。

### 3.3.3.3 核查条件下的博弈均衡

在满足式（3-12）的前提下，上级管理部门对接收到的信号进行核查时，同样存在混同均衡和分离均衡两种状态，分析各均衡的实现条件，找到影响上游地区类型选择的主要因素。

**1. 混同均衡**

同上述分析类似，核查条件下形成混同均衡的前提为上游地区发送虚假信号的收益大于其如实申报时的收益。其中当实际行为是认真遵守协议约定、积极对流域生态进行保护时，上游肯定会实事求是地声明自身行为类型，其期望收益为 $D - C_1$。因为此时的虚假瞒报对自身利益没有任何益处，反而会失去应有的补偿资金 $D$。

混同均衡中主要体现的是没有遵守补偿协议、选择敷衍保护行为时流域上游地区发送信号的真伪。当进行敷衍保护的流域上游发送虚假信要求补偿时，期望收益为 $W - C_2 - C_3 - \lambda F_2 + (1 - \lambda)D$；当敷衍保护的流域上游选择发送真实信号不申报补偿时，期望收益为 $W - C_2$。当 $\lambda$ 和 $F_2$ 较小且 $D$ 较大时，满足 $W - C_2 - C_3 - \lambda F_2 + (1 - \lambda)D < W - C_2$，即上游会发送虚假信号，形成混同均衡。

也就是说，核查条件下的混同均衡中无论流域上游地区采用何种行为类型 $T$，上级管理部门都会对其进行核查。对流域上游地区而言，只要存在欺骗行为就有可能被发现并遭受惩罚 $F_2$。当核查辨别真伪的 $\lambda$ 较小，且惩罚力度 $F_2$ 较弱时，没有进行积极保护的水源地发送虚假信号的收益大于其如实申报时的收益，会选择虚假上报申请补偿获取最大利益，降低了市场均衡效率。

**2. 分离均衡**

分离均衡中上游地区的申报信息都会与自身的实际行为相一致，$p(M_H | T_H) = 1$、$p(M_L | T_L) = 1$。上级管理部门能够根据接收到的信号判别流域上游的实际行为类型。分离均衡的实现，需满足如实申报时的收益大于虚假申报时的收益。

根据核查条件下混同均衡情况的分析，上游选择积极保护行为时的期望收益为 $D - C_1$，明显高于虚报不接受补偿时的收益 $- C_1$，会自然形成分离均衡；选择敷衍保护行为时的上游地区会因虚假申报补偿得到惩罚，当 $\lambda$ 和 $F_2$ 较大且 $D$ 较小时，即 $W - C_2 - C_3 - \lambda F_2 + (1 - \lambda)D < W - C_2$，水源地会如实申报自己的行为类型，即声明水质水量不达标是由于自身没有保护好所致，放弃申请补偿，此时形成分离均衡状态。

综上所述，上级管理部门在选择核查的条件下，无论上游地区选择何种行为类型，上级管理部门的最优选择为核查策略。从自身利益角度出发，流域上游地区会如实申报自身的实际策略，即 $p(T_H) = p(M_H|T_H)$、$p(T_L) = p(M_L|T_L)$，不会出现投机的虚报现象，即 $p(M_H|T_L) = 0$、$p(M_L|T_H) = 0$。此时，上游政府的收益与其真实行为相符，上级管理部门也能够得到准确的信号判断上游的行为类型。

### 3.3.4　信号博弈分析结果

本书对生态补偿中流域上级管理部门和上游地区的行动类型选择进行了分析，发现生态补偿中上级管理部门的核查行为只发生在要求补偿时。若上游地区不主动申报补偿，说明其不符合补偿要求，上级也就没有必要为此付出成本。

上级管理部门会根据核查费用 $g$、补偿金额 $D$、社会损失 $J$ 和惩罚金额 $F_2$ 等因素的大小选择出最优策略。当核查费用 $g$ 较低或补偿金额 $D$、社会损失 $J$ 和惩罚金额 $F_2$ 较大时，上级管理部门会倾向于对上游地区采取核查策略。上游地区当采取积极保护策略时，自然会做出理性正确的选择，即向上级监管部门如实申报信息；当采取敷衍保护策略时，其发出的信号类型不仅受到伪装成本 $C_3$ 的影响，还取决于上级管理部门对其的后验判断。若对上游地区的信任度较高，不采取核查策略，或欺瞒被发现的概率较低则上游投机瞒报的可能性较大。

上级管理部门补偿流域上游的信号博弈中存在 4 种情形，分别为 $(R_H|T_H, B_H)$、$(R_H|T_H, B_L)$、$(R_L|T_L, B_L)$ 和 $(R_H|T_L, B_L)$，其中情形 $(R_H|T_L, B_L)$ 最不理想，它意味着上级管理部门对上游的行为不进行核查，上游地区做出投机行为并获得补偿。该条件下，敷衍保护的收益高于积极保护的收益，会让上游地区今后更多地选择敷衍保护，导致流域生态恶化严重，给社会造成损失，此时补偿政策失去效用。剩余的三种情形均为分离均衡，无论上级管理部门是否进行核查，都会按照自身的实际行为发送真实信号，如实向上级申报。分离均衡有利于激励上游采取流域生态保护的策略。

信号博弈中存在多种均衡状态，行为主体采取不同的策略，其形成的均衡状态会有所差异。其中分离均衡效率最高，是该信号博弈中的最好状态（涂少云，2013）。分离均衡中，无论是积极保护还是敷衍保护的上游都会如实反映自身类型，上级管理部门也能根据信息做出准确判断。但实际中，作为理性经济人，敷衍保护时的上游如实申报意味着得不到补偿，因此一般不会发送真实信号。当敷衍保护同积极保护类型都发送申请补偿的信号时，形成了混同均衡，容易造成帕累托无效率。为促使混同均衡向分离均衡转变，可以有两种途径：一种途径是保证上级管理部门不核查时实现分离均衡。这就需要满足：

$$1 - \frac{g}{D + J + F_2 + \lambda(F_2 - g)} \leq p(T_H) \leq 1$$

且伪装成本大于补偿额度。当核查费用较大，补偿金额、上级管理部门承担的损失和处罚金额较小时，政府的核查总收益较小，核查缺乏动力。此时需要通过宣传、提高伪装成本等方式增大上游采取积极保护策略的比例，实现不核查条件下的分离均衡状态。另一种途径是通过核查达到分离均衡。为了流域生态的可持续性，上级管理部门最好对上游地区的保护行为进行核查，保证流域的生态保护投入。当处罚力度较大、核查成本较低、核查发现概率较大、补偿金额较大时上级管理部门会倾向于采取核查策略，此时为避免不必要的损失，上游地区会如实申报自身行为，投机欺骗现象的概率较低。而且从长远角度考虑，不保护所获得的收益 W 会随时间的延长而不断减少，为规避风险，上游地区会逐渐向保护申请补偿的状态转变，选择积极保护行为的比例会逐渐增大 $p(H) \to 1$，选择敷衍保护的比例会逐渐减少 $p(L) \to 0$，上游地区的收益会稳定在 $D - C_1$，上级管理部门的费用则会稳定在 $g + D$。

根据上述结论，可以得到如下启示：第一，为有效改善流域生态环境质量，提高补偿效率，今后应加大环保工作的透明度，增大上游地区的违规成本，弱化上游地区的侥幸心理和投机动机。第二，对于瞒报套取国家补偿资金的地区，利用互联网、报纸等媒体平台在适当范围内公布，从道德、信誉等角度对上游地区进行约束。同时将保护效果与政绩相结合，激励流域上游自觉主动地采取生态保护策略。第三，对上级管理部门而言，要严格监管部门的内部纪律，做好对上游地区保护行为的核查工作，通过网络在线监测、群众信箱等方式增加核查监管力度和频度，降低核查成本。第四，提升流域生态保护资金，加强流域生态保护的宣传工作，督促上游转变发展思路，改善信号的传递质量，激励上游地区主动纠正错误，降低虚假瞒报的可能性。

# 3.4　本章小结

流域生态补偿中的利益主体可从多个视角进行不同的分类，上下游的农户、居民、企业、旅游单位、生态系统服务及后代子孙都为生态补偿机制的利益主体，它们能在不同程度左右生态补偿的运行效果或被生态补偿的措施所影响。了解利益主体的行为偏好，有助于生态补偿做好"瞄准"，提高补偿效率。现实中，并不是所有的主体都适合成为补偿主体，也并不是所有的利益主体都能精准界定，为此，从可操作性的角度出发，本书以流域上下游的区域政府作为利益主体代表，对其在生态补偿中的行为选择进行分析。

通过双方的博弈结果，探寻影响生态补偿的主要因素，结果发现在缺乏上级管理部门激励和约束的条件下，横向的上下游政府为追求自身利益难以达成一致，会陷入"囚徒困境"，导致流域生态出现恶性循环。在上级的监督下，利益双方会综合衡量利弊，最终在演化博弈中都选择对流域生态有利的行为，实现流域生态保护和经济社会的和谐发展。其中，生态保护成本、生态效益、生态补偿资金和惩罚额度等是影响上下游政府在进化博弈中实现稳定均衡的主要影响因素。

为更好地保护流域生态，上级管理部门可对上游地区的保护行为进行一定成本的分担，围绕该政策，构建"上级管理部门补偿上游地区"的信号博弈模型，探索双方的信息选择和行为规律。结果表明，该信号博弈中可能会出现混同均衡和分离均衡两种均衡状态。均衡受补偿金额、惩罚金额、核查概率、核查费用、伪装成本和社会损失等因素的影响，上游地区的欺骗行为随核查概率的增大、伪装成本的增大而减少。补偿资金不一定会起到积极效果，混同均衡下的补偿则会起到反作用，应促使混同均衡向分离均衡转变，实现该转变的关键在于增强上级部门的核查监管力度，设置科学合理的补偿金额和惩罚金额，保持较高的伪装成本，从而实现该政策正确的激励导向作用。

# 第4章 流域双向生态补偿标准测算

标准的确定是流域双向生态补偿的关键，关系到补偿效果和运行效率。补偿标准过高易导致超出支付能力，难以实施；补偿标准过低则会抑制流域生态保护的积极性，达不到理想效果。现有的补偿研究多体现为对上游区域的激励性保护补偿，实践试点中也呈现出对流域主体"保护补偿为主，惩罚补偿为辅"的特点。流域生态补偿应综合考虑对利益主体的激励和约束作用，兼顾同一主体的保护行为和污染破坏行为，实行流域双向补偿标准的测算以保证补偿标准的科学合理。

## 4.1 双向补偿标准测算的思路框架

现有的单向补偿以激励性补偿为主，主要依据利益主体对流域的生态保护贡献来确定相应的补偿金额。为全面反映利益主体对流域生态的综合行为贡献，基于共建共享的理念，本书综合考虑了利益主体行为的正外部性和负外部性，从保护性补偿和惩罚性补偿两个方面进行补偿标准的测算，促使补偿标准更加科学合理。双向补偿标准的核算框架如图4-1所示。

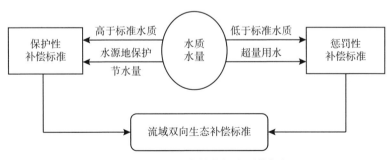

图4-1 双向生态补偿标准测算框架

流域生态补偿的本质是解决生态保护与经济发展的不平衡，用直接观测到的指标变化来确定保护贡献，易被人们接受和理解。目前该机制已在多个流域进行试点开展，并取得了一定效果，如法国的维特尔、中国的新安江等，但多以水质为衡量指标，旨在解决流域的污染问题，对水量的涉及较少。我国是一个缺水型国家，人均用水量只占世界的1/4，特别是西部和北方河流季节性缺水严重，水量也是生态补偿中需要考虑的关键因素。因此本章以水质水量为衡量指标，考察各区域的保护行为贡献，确定科学的流域生态补偿标准。

如图4-1所示，保护性补偿标准的测算中，水质方面的保护贡献通过衡量高于标准的水质改善程度确定，水质改善程度越大，所得补偿额越大。水量方面的保护贡献是以水源地的水量保护成本和利益主体的节水状况而定。惩罚性补偿标准的测算中，水质方面通过衡量水质恶化确定相应的惩罚额，水量方面则以利益主体的超量用水情况确定相应的惩罚额。将保护性补偿标准与惩罚性补偿标准相互抵消叠加后，可得到双向生态补偿标准，即利益主体的综合行为结果。

## 4.2 保护性补偿标准测算

### 4.2.1 理论探讨

保护性补偿标准测算主要是针对流域生态保护中的正外部性而言。流域的地理属性导致上游行为具有外部性。流域上游，特别是水源地进行生态保护时，投入了大量资本，改善了水质，维护了充足的水量，有效改善流域生态环境。外部性的存在导致流域上游的生态保护行为不仅对自身发展有益，还会为其下游免费提供优质的生态环境，造成流域上游生态保护投入与收益的不对等。长此以往，流域上游进行生态保护的积极性会受挫，丧失自觉开展流域生态保护的动力。因此，下游等受益者应为其享受到了优良水质和充足水量对上游保护者进行补偿，分担上游保护成本，为自身享受到的优质生态服务付费。

对保护者进行补偿，一方面体现了公平和公正，流域生态保护者在生态维护中投入大量人力、资金，而且牺牲了部分发展机会，影响了其正常的经济发展。通过补偿，可提高保护者的原有保护行为收益，弥补其相应损失，平衡流域区际间生态资源保护与利用的不均衡，体现区域生态维护和经济发展的公平与公正。另一方面，可实现流域生态的长效性维护。通过对保护者实施补偿，可激励利益关系主体增加正外部性行为，增强其对生态保护的积极性，促进水质的不断改善和水量的高效利用，实现生态环境长效保护和流域整体的可持续发展。

## 4.2.2　基于水质的保护性补偿标准核定

根据外部性理论及生态资本理论等，利用水质指标对流域中利益主体的保护行为进行测度，并以此确定上下游之间基于水质保护方面的补偿量和补偿方向。

### 4.2.2.1　流域水质指标的选择

水质状况直接影响流域生态的好坏，对流域经济的发展具有决定性作用（方晓波，2013）。流域中水质的好坏受生活污水、工业废水及农药化肥等因素的影响，也与流域中的径流量、降雨量、地下水渗漏量等因素有关。

对流域水质指标的选择，明确流域污染物的基本特征是前提。从时间上看，可通过比较流域中同一监测断面处的各污染物在不同年份和不同季节的浓度变化来确定影响水质的主要指标及污染源。若各污染物浓度变化方向一致，说明该断面长期受同一种风险因子的影响，若各污染物浓度变化关系不一致，说明该监测断面受到多种风险因子的影响。一般情况下，夏秋季节流域水质主要受畜禽养殖、化工企业、生活污水等点源污染的影响，大量的降水增大了流域径流量，也增大了河道中冲刷污染物的数量。春冬季由于降水较少，河流的自我洁净能力下降，面源污染严重，水质较差。从空间角度上看，可通过比较同一流域不同监测断面处的污染物浓度来明确流域水质的空间变化特征。不同区域的水体功能各异，通常，因污染源数量较少，流域上游的水质要优于流域中下游，流域下游因受到上游污染物的累积及水资源利用强度增大等因素影响，其水质较差。因此，了解流域水质变化的时空特征，识别主要污染因子和污染源，对后续水质评价及补偿量的测算都具有重要意义。

影响流域水质的污染因子众多，有溶解氧、pH、总磷、COD、BOD、氨氮、高锰酸盐指数、硫酸盐、氯化物、挥发酚等。在进行补偿量的测算时若将所有的水质指标考虑在内的话，现实中存在难度，且效率低下、效果不明显。应采用科学的方法精简范围，抓住主要矛盾，在现有的技术监测手段下，选择出能基本反映水体质量状况的代表性指标。在双向生态补偿机制的构建中，本书按照"作用强、危害大、频率高"的原则，通过协商、推断，选择 COD 和氨氮作为污染物指标，反映水体的生态情况。

### 4.2.2.2 流域交界断面水质的测定

流域各交界断面处的水质状况存有差异，采用同一种评价方法能够增强各断面水质间的可比性，为科学测定各区域的保护行为贡献提供依据。

**1. 现有的水质评价方法**

流域水质评价是用数理方法，根据水资源的用途、特征、质量等对水体真实状况进行量化的过程。科学合理的评价流域水质，有助于对流域环境做出准确判断，为生产生活及补偿标准的制定提供有用信息，是水管理领域中的研究热点。目前尚没有形成公允的水质评价模型，不同流域的污染源和水文环境不同，采用的水质评价方法和技术规范也存有差异。现有的水质评价方法主要有指数法、模糊综合评判法、层次分析法、灰色系统理论法、人工神经网络法等。

（1）指数法。

指数法是最早被应用于水质评价中的方法，也是应用最广泛的方法，评价指标由单因子向多因子不断转变。指数法中主要包括单因子评价法、综合水质指数评价法、综合水质标识指数法、内梅罗污染指数法等。

单因子评价法又称最差因子判别法，是《地表水环境质量标准》（GB 3838－2002）中规定使用的水质评价方法（陆卫军，2009）。基本思想是在确定流域水质评价标准的基础上，将各污染因子浓度与其对应的标准浓度相比得到比值 K，根据 K 同 1 的关系判断是否达标。若比值

K > 1，说明该检测指标浓度过高，没有达标。判断出各单因子的水质类别后将评价参数中最差的水质类别（K值最大的污染因子）作为最终的水质评价结果。表达式为 $E = \max(E_i)$。

综合污染指数法是在单因子评价法基础上，结合多个污染指标，对流域水质做出的综合评价。基本思路为：计算出各单因子的相对污染指数，然后将汇总加和后求得的算术平均值作为对流域水质状况的综合评判。通常认为指数值小于 0.40 即表示水质较好；0.41～0.70 表示水质为轻度污染；0.71～1.00 为中度污染；1.01～2.00 为重度污染；大于 2.00 的即为严重污染。

综合水质标识指数法由同济大学的徐祖信教授提出，是一种基于代数运算的可对水质做出连续评价的方法（徐祖信，2005），涵盖水质类别、污染程度和达标情况等多方面信息，不会因为某个污染因子过度污染而否定整个水质状况，可全面反映流域水体的污染特征和变化规律。综合水质标识指数是在单因子水质标识指数的基础上发展而来，评价时需先进行单因子水质评价。

①单因子水质标识指数。通常由一位整数和两位小数组成，表达式如下：

$$P_i = X_{i1} \cdot X_{i2}$$

式中，$X_{i1}$ 为第 i 项水质评价指标所属的水质类别，$X_{i2}$ 为第 i 项水质评价指标监测值在 $X_{i1}$ 类水质变化区间内与其浓度下限值的距离（溶解氧和非溶解氧指标的计算略有不同）。

②综合水质标识指数的形成。考虑到不同污染因子的污染贡献能力和危害强度，为更好地反映流域中超标污染物和非超标污染的作用，各断面综合水质标识指数中的综合水质指数由各单因子水质指数加权得到，计算公式为：

$$S = X_1 \cdot X_2 = \frac{1}{m+1}\left(\sum_{i=1}^{m} P_i + \frac{1}{n}\sum_{j=1}^{n} P_j\right)$$

其中，m 为超标污染物的个数，$P_i$ 为第 i 种超标污染物的水质标识指数，权重为 1，n 表示未超标污染物的个数，$P_j$ 为第 j 种未超标污染物的水质标识指数，所有未超标污染物水质标识指数的权重总和为 1。

③在综合水质指数的基础上，得到综合水质标识指数。表达式为：

$$WQI = X_1 \cdot X_2 X_3 X_4$$

其中，$X_1 \cdot X_2$ 为所有单因子水质标识指数加权后的值，即综合水质指数，$X_3$ 为所有水质评价指标中超过协议水质浓度值的个数，$X_4$ 为所测的综合水质类别与协议水质类别的差额。同其他评价方法不同，综合水质标识指数不仅可以定性、定量的评价 Ⅰ～Ⅴ 类水质的变化情况，还可以在劣 Ⅴ 类水质之间进行优劣比较。具体评价标准如表 4－1 所示。综合水质标识指数法能够反映出水质中的超标污染因子个数及超标程度，在同一类别中也可以体现各污染因子与标准值间的差距，可用来明确流域水体功能的达标情况和未来的发展趋势，是较好的水质评价方法。

表 4－1　　　　　　　　　综合水质标识指数评价标准

| 评价标准 | 综合水质类别 |
|---|---|
| 1. 0≤WQI≤2.0 | Ⅰ 类水 |
| 2. 0＜WQI≤3.0 | Ⅱ 类水 |
| 3. 0＜WQI≤4.0 | Ⅲ 类水 |
| 4. 0＜WQI≤5.0 | Ⅳ 类水 |
| 5. 0＜WQI≤6.0 | Ⅴ 类水 |
| 6. 0＜WQI≤7.0 | 劣 Ⅴ 类，但不黑臭 |
| WQI＞7.0 | 劣 Ⅴ 类，且黑臭 |

内梅罗指数法是在单因子评价法的基础上发展而来，同时兼顾最大污染因子和其他污染因子的作用，对水质做出综合评价的方法。评价步骤为：一是将水质指标的实际监测值与其对应的标准值相比，确定指标所属类别；二是依据各因子的评分值计算综合评分值，即内梅罗指数（李亚松，2009）。表达式为：

$$F_{AVE} = \frac{1}{m} \sum_{i=1}^{m} F_i$$

$$F = \sqrt{\frac{F_{AVE}^2 + F_{MAX}^2}{2}}$$

其中，$F_{AVE}$ 为 m 个污染指标的平均分值，$F_{MAX}$ 为超标最严重污染因子的评分值。三是判定水质类别。测定的水质可分为 5 个等级，具体如表 4－2 所示。

表 4 – 2                       内梅罗污染指数的水质分级表

| 水质级别 | 优良 | 良好 | 较好 | 较差 | 极差 |
|---|---|---|---|---|---|
| 内梅罗指数 | ≤0.80 | 0.80 < f≤2.50 | 2.50 < f≤4.25 | 4.25 < f≤7.20 | ≥7.20 |

（2）模糊综合评判法。

模糊综合评判法是在模糊数学的基础上，根据水质实际监测指标与标准指标，应用模糊变换的原理，综合考虑多种因素对流域水质做出判断的方法。

评价步骤如下（刘林，1996）：

一是确定因子集和评价集。将复杂因素按照相应的关系分组，选取水质评价指标构成因子集，$I = \{I_1, I_2, I_3, \cdots, I_n\}$，选取标准水质级别，一般分为 I ~ V 类，将水质等级构成评价集 $R = \{I, II, III, IV, V\}$。

二是根据隶属函数建立模糊关系矩阵。隶属函数是水质实际污染浓度与标准浓度间的函数，代表了各污染因子与各级水质间的隶属程度。通常采用"降半梯形"分布法计算污染因子对各水质类别的隶属函数，除 DO 为越大越优因子，其他非溶解氧的隶属函数表达式具体如下：

水质为 I 类水质时：

$$F(x) = R_{i,1} = \begin{cases} 1 & x_i \leq s_{i,1} \\ \dfrac{s_{i,2} - x_i}{s_{i,2} - s_{i,1}} & s_{i,1} < x_i \leq s_{i,2} \\ 0 & x_i \geq s_{i,2} \end{cases}$$

水质为 II ~ IV 类水质时：

$$F(x) = R_{i,j} = \begin{cases} 0 & x_i < s_{i,j-1} \\ \dfrac{x_i - s_{i,j-1}}{s_{i,j} - s_{i,j-1}} & s_{i,j-1} < x_i \leq s_{i,j} \\ \dfrac{x_i - s_{i,j+1}}{s_{i,j} - s_{i,j+1}} & s_{i,j} < x_i \leq s_{i,j+1} \\ 0 & x_i > s_{i,j+1} \end{cases}$$

水质为 V 类水质时：

$$F(x) = R_{i,5} = \begin{cases} 0 & x_i \leqslant s_{i,4} \\ \dfrac{x_i - s_{i,4}}{s_{i,5} - s_{i,4}} & s_{i,4} < x_i \leqslant s_{i,5} \\ 1 & x_i \geqslant s_{i,5} \end{cases}$$

其中，$R_{i,j}$ 为第 i 个指标对第 j 类水质类别的隶属度；$x_i$ 为第 i 个指标的实际监测浓度，$s_{i,j}$ 为第 i 个指标在第 j 类水质范畴内的标准浓度值，i = n，j = 2，3，4。将污染因子的实际监测值代入隶属函数中可得到各检测指标的隶属度，进而得到由单因素隶属度为行构成的模糊关系矩阵 U，$U = (r_{ij})_{m \times n}$。

三是判定水质评价类别。将各监测指标的隶属矩阵与对应的指标权重相结合，通过相乘相加等方法得到模糊评价集 B，按照最大隶属度原则，以隶属度最大的水质类别作为最终的水质评价结果。

（3）灰色系统评价法。

灰色系统理论最早是由我国学者邓聚龙在 1982 年提出，该理论与模糊数学相互补充，被广泛应用于生态环境领域。灰色关联分析法是在灰色系统理论基础上发展起来的评价方法，是通过对行为因子序列的几何曲线接近，分析因素间的各种关联程度，进而确定行为因子对主体影响的贡献（邓聚龙，1990）。

灰色关联度评价流域水质类别的步骤如下：

一是构建参考序列和比较序列。将带测评的水质样本和水质等级标准看成一个灰色系统。假设有 M 个水质样本，每个样本中含 N 个水质测评指标。$\{x_d(k)\}$（d = 1，2，3，…，m；k = 1，2，3，…，n）表示待测评的水质样本 d 中第 k 种污染因子的监测值构成参考序列，$\{x_i(k)\}$（i = Ⅰ，Ⅱ，Ⅲ，Ⅳ，Ⅴ；k = 1，2，3，…，n）为比较序列，表示第 k 种污染因子在第 i 级水质中的标准值。

二是计算关联系数（肖新平，2005）。一个参考序列会有多个评价序列，各评价序列与参考序列的关联系数表达式如下：

$$r = \frac{D_{min} + \rho D_{max}}{D_{o,i} + \rho D_{max}}$$

其中，$D_{o,i}$ 为第 k 种污染因子监测值与标准值间的距离，即 $D_{o,i} = |x(k) - x_i(k)|$；$D_{min} = \min_i \min_k D_{o,i}(k)$，$D_{max} = \max_i \max_k D_{o,i}(k)$，$\rho$ 为分辨系数，取值越大表示关联能力越强，一般取 0.5。

三是确定关联度。将测评指标对各等级水质的关联系数通过算术平均法得到一个均值，即关联度。按照结果排序，关联度最大的对应水质级别就代表水质评价的结果。

除灰色关联分析法外，灰色系统理论与模糊聚类相结合的灰色聚类分析法也是灰色系统评价中的常用方法。

（4）BP 神经网络法。

BP（back propagation）神经网络法是人工神经网络法中的代表，是模拟人类神经元系统，对接收的外界信号进行处理，再将判断结果输出至外部环境的评价方法。

BP 神经网络法可有效对水质状况做出评价，该方法的主要特征就是找寻各种表面不相关因素间的内在联系，利用非线性逐步逼近的方式对已知条件匹配明确的结果。应用于水质评价中是构建非线性映射模型，确定各个污染因子对水质等级的影响程度，进而对待评样本做出合理的水质评价。

BP 神经网络分为输入层、隐含层和输出层三层，各层都有对应的处理函数。具体的运作机理如下（张桂清，2004）：首先，构建网络学习模型。经过多次的正向和反向传播修正，将各项指标的完成情况保存形成信息集。其次，输入水质实测值，进行水质评价。最后，将所要测评的水质样本带入该模型，输出的水质类别即作为评价结果。

除上述水质评价方法以外，还有多元统计分析法、物元可拓法、遗传算法等应用于流域水质评价中。

## 2. 水质评价方法比较

上述水质评价方法各有利弊，都有各自适用的场合。①从水质等级判别过程中看，指数法和模糊综合评判法的计算简便，易于理解和掌握，灰色系统理论评价和人工神经网络分析性较强，不会受过多因素的干扰，但需要计算复杂的关联系数、构建网络模型等，不易于操作。②从水质评价结果中看，检测指标的权重分配直接影响评价结果。指数法中的单因子评价法和综合指数评价常采用等权重的方式，没有体现出污染因子对水质的差异，内梅罗指数将最大污染因子的权重设为总权重的一半，存在一定的片面性，评价结果具有模糊性，无法体现水质的动态变化。灰色系统评价和 BP 神经网络根据污染指标的实际浓度和标准值进行权重的确定，标准值越大，同浓度的污染因子权重越小，考虑到了指标的污染强度，水质评价结果较为精准且能够反映水质变化趋势但评价范围有限，只能对Ⅴ类水之内的水质测评，且难以体现同类水中的污染差异，且灰色系统评价只是对水质做出定性判断，对水质的定量化测定存有不足。

综合水质标识指数法能够同时兼顾定性和定量分析，明确超标污染物的个数和程度。权重设置时考虑超标污染物和不超标污染物的区别，减轻了各水质指标权重的随意性，增强了评价结果的准确性。而且能够对劣Ⅴ类水做出合理评价，计算简便，易于掌握，是评价流域水质较为适宜的方法。

### 4.2.2.3  流域水质改善程度的评判

评判流域水质改善程度的前提是要确定遵循标准和目标水质。流域研究主要以地表水为主，因此本书采用《地表水环境质量标准》（GB 3838–2002）[①] 进行水质评判。《地表水环境质量标准》中依据流域水环境功能和保护目标，将水质分为五个级别，分别为：

Ⅰ类水，水质良好，主要适用于源头和国家自然保护区；

Ⅱ类水，是指水质轻度污染，能够供珍稀水生生物生存、鱼虾产卵及过滤后可以饮用水源一级保护区的水质；

Ⅲ类水，主要为水源二级保护区内，能够支持鱼虾越冬、水产养殖等渔业区域和游泳区；

Ⅳ类水，适用于工业用水及人类非直接接触的娱乐用水；

Ⅴ类水，主要是满足农业用水及一般景观用水的水质。

各级水质都有对应类别的标准值，该文件中对24个污染因子在各等级水质中的界限进行了规定。目标水质要依据区域实际状况、水体功能、改善目标等由上下游利益主体相互协商而定。各流域会存有差异。考虑到我国流域污染严重的现状和区域的经济发展，通常会选择适用人类饮用最低标准的Ⅲ类水作为水质保护目标。各主要污染物的范围如表4–3所示。

---

① 中华人民共和国环保部. 地表水环境质量标准 [EB/OL]. http://kjs.mep.gov.cn/hjbhbz/bzwb/shjbh/shjzlbz/200206/t20020601_66497.htm.

表 4 - 3　　　　　　　Ⅲ类水质中污染指标的标准限值

| 污染指标 | Ⅲ类 | 污染指标 | Ⅲ类 |
|---|---|---|---|
| 溶解氧 | ≥5 | 砷 | ≤0.05 |
| 高锰酸盐指数 | ≤6 | 汞 | ≤0.0001 |
| 化学需氧量（COD） | ≤20 | 镉 | ≤0.005 |
| 五日生化需氧量（BOD$_5$） | ≤4 | 铬（六价） | ≤0.05 |
| 氨氮（NH$_3$ - N） | ≤1.0 | 铅 | ≤0.05 |
| 总磷（P） | ≤0.2 | 氰化物 | ≤0.2 |
| 总氮（N） | ≤1.0 | 挥发酚 | ≤0.005 |
| 铜 | ≤1.0 | 石油类 | ≤0.05 |
| 锌 | ≤1.0 | 阴离子表面活性剂 | ≤0.2 |
| 氟化物 | ≤1.0 | 硫化物 | ≤0.2 |
| 硒 | ≤0.01 | 粪大肠菌群（个/L） | ≤10000 |

经相关利益方同意的目标水质确定后，将实测水质评价结果与目标水质相比较，测度相关利益主体的保护行为。以Ⅲ类水为例，其综合水质标识指数为 3.000。若实测水质结果 A < 3.000，说明上游对流域生态进行了有效保护，改善了水质，造成正外部效益外溢，且偏离程度越大，保护贡献越大，其投入、牺牲发展等贡献应受到补偿；若实测水质结果 A ≥ 3.000，说明上游的污染贡献大于其保护贡献，保护行为效果不明显，不对其进行补偿。

#### 4.2.2.4　基于水质的保护性补偿量核算

流域水质保护贡献的核算可从生态系统服务价值和成本费用两个角度进行开展。

**1. 基于生态系统服务价值的补偿量**

上游对水质的保护和改善，增加了流域生态系统服务价值，下游地区享受到这些生态服务增值，应对上游做出补偿。这里的流域生态系统服务价值是指对流域生态系统服务功能的量化，反映水质保护行为所带来效益的大小。

考斯坦萨（1997）和谢高地（2003）从价值角度分别对全球的生态系统服务和我国的生态系统服务进行了价值评估，这为流域水质保护性补偿标准的确定提供了借鉴。千年生态系统评估（the millennium ecosystem assessment）将生态系统服务功能分为供给功能、调节功能、支持功能和文化功能。考斯坦萨（1997）对生态系统服务功能从生产、文化价值等4个方面进行了划分。在此基础上，本书将流域水质保护增加的服务价值分为生态价值、经济价值和社会价值三类。由于生态系统的特殊性，其价值核算主要以模糊性估算为主，且不同价值类别的核算方式方法存有差异。

一是生态价值。流域水质保护产生的生态价值主要体现为生物多样性效益的增加（耿翔燕，2017）。良好的水质提高了生态环境质量，以适应更多生物生存，对增加水源地生物群落和数量做出了贡献。鉴于生物多样性测量方法的局限性，本书采用替代市场法来核算生物多样性的效益。

$$V_{z1} = S_S V_S \qquad (4-1)$$

式（4-1）中，$S_S$ 为因水源地生态补偿增加的植被面积（公顷），$V_S$ 为单位植被面积增加的生物多样性价值（元/公顷）。

二是经济价值。流域水质保护的经济价值主要体现为改善了渔业养殖的环境，增加了生态旅游景观效益。

（1）渔业养殖价值。

渔业养殖的种类较多，这里选择具有代表性的鱼类、蟹类、贝类等养殖增加的生产效益来表示。

$$V_{z2} = \sum_{i=1}^{n} Q_i P_i \qquad (4-2)$$

其中，$Q_i$ 为水质保护增加的第 i 种水产品的数量，$P_i$ 为第 i 种水产品的单位价格。

（2）旅游价值。

主要考察因水质改善优化了生态景观，进而带动下游生态旅游业的发展，因旅游业所含因素过多，本书选取主要因素进行衡量。

$$V_{z3} = (P_t + C_t) \Delta Q_t \qquad (4-3)$$

式（4-3）中，$P_t$ 为下游旅游景点的门票钱，$C_t$ 为游客的吃穿住行等费用，可根据当地的实际情况进行确定。$\Delta Q_t$ 为生态补偿后增加的旅游人次。

三是社会价值。从社会的角度来看，水质改善增加的服务价值主要体现在居民健康提升效益和就业效益等方面。

（1）居民健康提升效益。

流域水质的改善会降低居民的疾病发生率，进而减少疾病支出。本书用水质改善前后水源地居民药费的减少数来测量水质保护行为对下游居民健康带来的影响。

$$V_{z4} = Y_B - Y_L \tag{4-4}$$

式（4-4）中，$V_{z4}$ 为水质改善后居民健康提升效益，$Y_B$ 表示下游居民原有的疾病支出费用，$Y_L$ 表示水质改善后下游居民疾病支出费用。

（2）就业效益。

水质的改善会给下游带来方便，优化生态环境的同时增加了体育、钓鱼或其他户外休闲活动的开展，这就为下游当地增加了相应的人员就业机会，对下游部分居民收入的提高有促进作用。这里用水质改善前后下游增加的外出打工人数乘以相应的工资水平来表示就业效益。

$$V_{z5} = \sum_{i=1}^{n} \Delta Q_{ri} P_{ri} \tag{4-5}$$

式（4-5）中，$V_{z5}$ 表示水质改善带动的就业效益，$\Delta Q_{ri}$ 为增加第 i 种职业的人数，$P_{ri}$ 为第 i 种职业的年工资收入。

从生态系统服务价值的角度计算，基于水质的保护性补偿量为：

$$V_Z = V_{z1} + V_{z2} + V_{z3} + V_{z4} + V_{z5}$$

**2. 基于成本费用的保护性补偿量**

流域上游在保护水源质量方面进行了大量的生态保护和环保建设工作。为能够给其下游提供优质水源、保证流域整体的生态环境，流域上游对高污染企业进行关停并转，招商引资受到限制，造成了其经济发展上的损失。高额的环保投入和发展受限的经济相互影响，给上游造成了双重压力，需要下游等相关利益主体对上游的相关投入和损失进行分摊。

水质改善的成本费用主要由两部分组成：一部分是直接成本，另一部分是间接的机会损失费用。

（1）直接投入成本。

直接投入成本是指对流域水质改善而进行的直接资金投入和设施建设，包括前期预防的环保建设成本、现状修复的污染治理成本和其他成本。如表4-4所示。表达式为：

$$DC = EDC + PDC + ODC \qquad (4-6)$$

其中，EDC 表示减少污染的环保建设成本，包括湿地建设、生态林建设、生态移民和生态功能区的建设运行等所需的费用；PDC 表示污染治理成本，主要体现为修建污水处理厂、区域垃圾回收站和面源污染治理等费用；ODC 表示其他成本，是指水质监测相关的仪器、人力费用，水质提高的环保意识宣传费用、生态农业和绿色工业发展所需的技术投入等。

表4-4　　　　　改善水质的直接投入成本核算体系

| 成本类型 | 种类 | 具体指标 | 指标解释 |
|---|---|---|---|
| 直接成本 | 环保建设成本 | 湿地投入成本 | 上游退耕还湿、人工湿地修建和维护等费用 |
| | | 生态林投入成本 | 上游为防治水土流失、净化水源而进行的生态林种植、管护等 |
| | | 生态移民成本 | 为缓解本区域的自然生态压力，进行生态移民所产生的安置补偿款、基础设施的建设投入等 |
| | | 生态功能区投入成本 | 主体生态功能区的建设、运行等费用 |
| | 污染治理成本 | 污水处理厂投入 | 上游地区为减少城镇、居民和工业等污水排放新建、维护污水处理厂的费用 |
| | | 垃圾回收站投入 | 为减少污染，将垃圾（特别是农村垃圾）集中统一回收而进行的垃圾回收站等相关设施投入 |
| | | 面源污染治理 | 对治理区域养殖点、农业面源污染等环境整治产生的相关投入 |
| | 其他成本 | 水质监测 | 为有效防治水源污染、了解水质变化而进行的水质监测产生的费用 |
| | | 环保宣传费用 | 上游为防治点源和面源污染，提高居民的环保意识产生的环保监管、宣传方面的费用 |
| | | 生态技术投入 | 上游为改善水源质量，鼓励生态农业、绿色工业发展产生的新技术研发的科研投入 |

直接投入成本进行核算时，通常采用市场价格法或通过调研直接采用相关的财务统计数据。成本核算的科学性取决于所得数据的精确程度。直接投入成本核算有静态和动态核算两种方式。静态核算是不考虑时间效用，将一段时期内为改善和维持水质所进行的相关人力、物力等投入汇合加总所得的费用。动态核算考虑时间成本，通常以当前为节点，通过汇率形式，对之前的相关环保投入依时间折旧所得。动态核算结果更为科学，但过程繁杂，因素较多，难以对每个项目投入进行精确计算，对于时间较短的多采用静态核算。

（2）机会成本。

机会成本是利益主体为改善水质而存在的潜在损失。通常包括两个方面，一方面是指上游地区发展受限而产生的损失，体现为现有的生产生活方式和未来发展模式上的牺牲。现有的资源利用、产业开发、土地种植、企业生产等需要执行更严格的标准，发展中禁止引进污染型企业造成政府财政收入减少、就业机会减少等；另一方面是指为改善流域水质，其他领域项目生产性资本的损失。水质改善和维持需要大量的政府资本投入，如修建污水处理厂、湿地等，这就导致其他领域项目的生产资本减少，项目发展受限，可投资项目数量减少（胡仪元，2016）。

机会成本多为理论层面的论述，核算比较困难。现有的研究通常采用替代法、模拟市场法等方式进行，目前采用较多的是选取周边相似区域进行比较，以落后的经济总量作为机会成本。如沈满洪（2004）计算新安江流域上游淳安县保护的机会成本时，学者以人口、发展模式、经济水平相似的建德市、桐庐县等为参考对象，以两者间经济收入差异作为淳安县的机会成本，分别为 3.5 亿元和 7.5 亿元。该方法计算简便，但在参考对象选取方面比较困难，且以经济收入差异作为补偿额比较模糊，难以将水质改善贡献具体展现出来。李彩红（2012）则从居民、企业和政府三个方面对机会成本进行核算，得到大汶河上游居民在种植业和非种植业方面的机会损失约为 800 万元，企业因发展受限的损失为 184.80 万元，政府的税收损失为 3.13 万元。该方法将保护行为的机会成本具体化，方便计算的同时易于理解。本书在此基础上，从水质改善对第一、第二产业影响的角度出发，核算上游的机会损失。具体表达式如下：

$$OC = AOC + IOC \tag{4-7}$$

其中，AOC 为第一产业的机会成本，主要体现对农业种植限制等产生的损失；IOC 为第二产业的机会成本，主要体现为水质改善过程中对工业生产限制产生的损失。

直接投入成本与机会成本的加和为上游进行水质改善的成本费用。

相比于生态系统服务价值，成本费用计算的金额更加贴近实际，可操作性更强，因此本书选取成本费用作为流域水质改善的补偿标准。考虑到上游地区本身也享受了水质改善的益处，因此依据用水量将成本费用在上下游之间进行分摊。基于水质的保护性补偿量核算表达式如下：

$$M_{zi} = \frac{Q_i}{Q}(DC + OC) \tag{4-8}$$

其中，$Q_i$ 为第 i 区域的径流量，Q 为流域水资源总量。

## 4.2.3 基于水量的保护性补偿标准核定

基于水量的保护性补偿主要体现在利益主体为维持其下游流域生态功能的稳定和水资源的充足利用，通过多种生态措施增加下泄水量而得到的补偿。水量是构成流域的最基本元素。据统计，世界上 1/3 的河流流域正在面临严重枯竭，缺水影响着全球一半的人口用水和 3/4 的灌溉地区。

随着我国经济、人口的快速增长，水资源需求量逐渐增多，流域上下游间的用水矛盾日益突出，流域断流现象频繁发生。因水资源短缺造成的流域水环境恶化已成为制约经济社会和谐发展的重要瓶颈（胡熠，2014）。但目前的流域生态补偿多考虑水质好坏（石广明，2012），对水量的涉及较少。我国北方流域多为缺水型区域，对充足水量的需求比水质更为强烈。具有激励作用的水量保护性补偿可帮助缓解各区域间水资源的供需不均衡，实现流域水资源的合理利用。

### 4.2.3.1 水量保护性补偿成本的核算

流域相关利益主体为维持一定水量、保障流域水环境的生态平衡，在原有用水的基础上，通过节水、产业升级等措施减少原有的生产生活用水权，甚至在政府财政紧张的情况下仍对节水技术、水利工程建设等进行大量投入，其水量保护行为应该得到补偿。由于流域地理位置的特殊性，节省的水量主要由利益主体下游享用来满足经济发展的需要，因此补偿主体应为下游用水地区。

合理评价水量保护行为贡献，确定科学的补偿标准是关键，这对实现流域水资源的合理流动和高效配置具有重要意义。为增强补偿标准的可行性，水量保护性补偿标准以保护成本为主要依据进行核算。

流域利益主体为保障下游的用水安全，在水量保护方面进行了大量投入，主要包括两部分：一部分是为涵养水源、增加水量等所开展的各项生态保护和生态建设投入。另一部分则是为维持水量而禁止高耗水企业进入、限制部分产业发展而产生的机会损失。

生态保护和生态建设的成本投入主要包括水利工程建设、农林工程建设和科研技术软投入三方面。其中水利工程建设是指水库建设、河道整治、雨水截流系统建设、输水管道修建等；农林工程建设包括植树造林、治理水土流失、节水农田灌溉设施建设、农业渠道防渗等涵养水源措施；科研技术投入则是指对工农业节水技术研发、水量监测、科普活动及相关科研项目等费用。水源保护的相关成本可通过实地调研或财务成本的统计分析资料计算得到。

机会损失是指为维持足量水源所牺牲的最大发展利益，主要是指因相关利益主体原有合理用水量减少导致的经济收入丧失和限制高耗水等产业发展所牺牲的发展权。具体体现为同其他不进行水量保护的区域相比，随时间的增长，因机会损失造成的两区域间差异度会不断扩大（沈满洪，2015）。机会成本可通过计算整体经济发展收益的减少、分项的经济损失或类比相似区域的方式得到，采用的方法为恢复费用法、影子工程法等。其中整体经济发展损失主要通过与原有 GDP 发展速度的对比，来筛选出对水量维持的保护贡献。计算公式为：

$$OC = G_0(v_0 - v_1)$$

其中，$G_0$ 为基准的 GDP，$v_0$、$v_1$ 分别为水量维持保护前后的 GDP 发展速度。

分项的经济损失计算可从利益相关者的角度（农户、企业、政府等）或产业分类的角度（工业、农业、服务业等）逐项计算各自的机会损失，计算公式为：

$$OC = EOC + ROC + GOC(IOC + AOC + SOC)$$

其中，EOC、ROC 和 GOC 分别表示区域内农户、企业和政府因水量维持所需承担的收入损失，IOC、AOC 和 SOC 分别表示区域内工业、农业和服务业所担负的机会成本。

类比法是机会成本中的常用方法，是挑选出与水量维持区域在人口、地理位置、经济发展水平和发展方式等方面接近的区域，通过比较两区域间的居民收入水平差距，反映出水量维持发展权限制带来的机会成本。计算公式为：

$$OC = (R_T - R_{T0})M_1 + (R_C - R_{C0})M_2$$

其中，$R_T$、$R_C$ 分别为参照区域的城镇居民收入和农村居民收入，$M_1$、$M_2$ 分别为水量维持区域的城镇居民人口和农村居民人口，$R_{T0}$、$R_{C0}$ 分别为水量维持保护区域的城镇和农村居民收入。

水量的保护性总成本为直接生态建设投入与机会成本之和，即 $C = DC + OC$。单位水量维护的成本为 $\bar{C} = \dfrac{C}{Q}$，式中，$Q$ 为流域的水资源总量。

### 4.2.3.2  流域径流量增加值的确定

基于水量的保护性补偿是指对增加水量行为的补偿，其隐含的前提条件是区域要先满足自身的生产、生活及生态用水需求，特别是作为基本需求但又容易被忽略的生态用水量一定要保证。

区域在水量保护中的水量增加可通过两种途径实现：一种途径是区域通过改进自身的发展模式、调整产业结构、提高用水效率等方式从内部节约增加可用水量。另一种途径则是区域通过外部引水等措施增加下泄水量。区域水量增加涉及多个领域，且会受到降水、蒸发等自然因素影响，难以直接计算得出，为科学衡量区域通过生态保护建设增加的下泄水量，从社会公平的角度考虑，流域各行为主体在分水后利用节水或外引等途径增加的对下游的下泄水量可作为其水量维护的增加值，即：

水量增加值 = 实际下泄水量 − 理论分水可用量

该方法中，分水量是衡量水量维护贡献的关键。我国流域的水量分配工作尚处于起步阶段，党的十八届三中全会强调要有序推进重要江河的水量分配工作，加快水的生态文明建设。实践中，仅有黄河、石羊河等流域进行了试点，多数流域的水量分配工作尚未开展。流域水量分配应兼顾生态与经济、公平与效率。流域水资源的科学划分对优化水资源配置、协调流域各区域间的利益关系具有重要作用。流域各个断面的最小需水量应至少满足河道内外的生态需水量（李荣昉，2012）。基于流域用水部门利益最大化角度，运用合作博弈理论，构建流域的水量分配模型（付意成，2014）。水量分配的方法有供需平衡法、层次分析法、半结构多目标的模糊优选法等，是通过权重或优属度确定流域各区域的应分水量（张升东，2012；杨丽英，2015）。本书在现有研究的基础上，利用多元指标体系法设计流域可用水量的初始分配模型，为各区域水量增加值的确定提供依据。

指标体系法可同时涵盖流域的定性和定量信息，能够很好体现各因素的重要程度，相比于以往按照人口、面积、生产总值、用水现状等单一的分配方法，该方法可同时兼顾生态、经济社会等多方面需求，提高流域水量分配结果的科学性。

### 1. 指标体系的构建思路

流域水量分配体系是按照统一指标将流域内的水资源科学合理分配到各区域的过程，指标体系的构建可分为3个阶段：

一是明确水量分配指标体系的构建目的。流域水量的分配应确保公平，同时兼顾效率和可持续性，因此指标选取时既要考虑到流域的生态可持续，又要兼顾区域的经济发展和社会公平。

二是选取合适指标并确定适宜的核算方法。这是水量分配的关键步骤。遵循数据材料易搜集、计算简便可操作、影响指标各自独立的原则，从流域的整体利益出发，结合当地工作者和专家学者的建议，经过反复筛选论证，选取代表性的指标确定水量分配指标体系。不同的指标评价方法多样各异，应选择数据易得到、方法公允的评价标准。

三是围绕指标的相关内容开展实地调研。实地调查一方面是为了验证理论体系和实际情况的匹配度，对不合适的指标做出调整；另一方面可以通过调查问卷、当地资料解读、面对面交流等方式了解水量分配的具体情况，为后续工作做好铺垫。

### 2. 指标权重确定

指标权重的大小直接影响流域的水量分配结果。为减少指标权重确定过程中的主观性及客观赋权通用性差的缺陷，本书采用层次分析法与熵值法相结合的综合赋权方式，用 AHP 法确定主观权重、用信息熵技术确定客观权重，对并主观权重进行修正，最终得到科学、客观的综合权重。

流域水量分配属于多地区多目标的系统决策问题。层次分析法（简称 AHP）是由美国运筹学家萨蒂（Saaty T L）教授于 20 世纪 70 年代提出的一种权重决策方法。该方法将问题层次化，以较少的定量信息反映问题的重要性，从而为多目标复杂问题提供简便的处理方法。具体步骤不再详述。

熵值法是一种基于物理学的评价方法，可用数据的离散程度衡量其对评价对象的影响，能够对数据系列的均衡度大小做出客观描述，方便根据数据之间的客观规律找到差异性（户艳领，2015）。在信息论中，熵表示一组数据系列的离散程度，与表示有序程度的信息呈负相关关系。一组数据中提供的信息量越大，熵越小，两者之间符号相反、绝对值相等。在一组数据系列中，若某指标的指标值差异程度越大，可反映的信息量越大，表明其在评价体系中的影响越大，相对应的熵值越小，权重赋值应越大。相反，则权重赋值也应越小。

假设水量分配中共有 m 个评价对象，n 个评价指标。熵值法赋权的基本步骤为：

一是数据的标准化。水量分配体系中各指标的数据大小和含义存有差异，对原始数据 $u_{ij}$ 进行标准化处理得到 $r_j$，为后续的分析奠定基础。本书利用线性变换法对各指标数据进行标准化处理，其中正向指标的标准化公式为：$r_{ij} = \dfrac{u_{ij}}{u_{imax}}$，负向指标的标准法公式为：$r_{ij} = \dfrac{u_{imin}}{u_{ij}}$。

二是计算第 j 项指标的熵值 $E_j$。首先计算第 j 项指标下第 i 个区域在水量分配中所占的比重，进而得到流域水资源分配的熵值。$P_{ij} = r_{ij} / \sum\limits_{i=1}^{m} r_{ij}$，$E_j = -\dfrac{1}{\ln m} \sum\limits_{i=1}^{m} P_{ij} \ln P_{ij}$。若 $P_{ij}$ 为零，则规定 $P_{ij} \ln P_{ij} = 0$。

三是计算第 j 项指标的差异度。熵 $E_j$ 与矩阵的差异性呈负相关关系，第 j 项指标差异度的计算公式为：$D_j = 1 - E_j$，$j = 1, 2, 3, \cdots, n$。

四是确定第 j 项指标的客观权重。$\eta_j = \dfrac{D_j}{\sum\limits_{j=1}^{n} D_j}$，$j = 1, 2, 3, \cdots, n$。

用 AHP 法确定各指标权重保证了对重要指标影响的考虑，在此基础上，用熵值法对各指标权重中的主观意愿进行去除、调节，最终得到综合权重 $W_j$。即 $W_j = \eta_j \delta_j \Big/ \sum_{j=1}^{n} \eta_j \delta_j$。

**3. 区域水量分配数量的确定**

根据第 j 项指标的综合权重，得到流域各区域在水量分配中的得分比例，即 $F_i = \sum_{j=1}^{n} W_j P_{ij}$。根据各区域的得分 F 和流域可分配水量 M 确定流域各区域的水量分配数量。第 i 个区域的水量分配额为 $Q_{si} = MF_i$。

流域初始用水量的分配综合考虑了水资源的供给与需求，依据各区域的分水量可计算得到各断面的理论径流量，断面实际监测的径流量比分水后的理论径流量多余的部分即为上游进行水量维护的结果。通过水量分配明确了流域各区域的用水权，在分水基础上进行水量增加值的确定，将多种影响因素整合为单一变量，计算简便，方便易懂，适用于多数流域。因此本书采用该方法进行区域水量维护增加值的计算。第 i 个区域通过水量维护增加的水量为：

$$\Delta Q_i = Q_{pi} - Q_{si}$$

### 4.2.3.3 基于水量的保护性补偿量的核算

基于水量保护的生态补偿包括下游对水源地保护成本分摊和区域水量增加补偿两个方面。

**1. 根据各区域的分水量对流域源头进行保护成本分摊**

水资源量的维护和高效利用是流域上下游地区共同的责任。上游为保障下游用水进行了大量的生态建设投入，独自承担所遭受的经济损失，下游却无偿享用良好的生态和充足的用水，存在区域间的不公平。长期的免费或廉价使用，造成流域下游节水意识薄弱，水资源浪费现象严重。下游可依据分水量的多少对上游进行补偿，使各区域的水量保护投入与收益对等，实现流域局部与整体的均衡，增强上游持续保护的动力。

（1）分水量的比例分摊模式。

根据各区域的初始水权分配量进行水源地水量保护成本的分摊，体现了科学性和可行性。初始水权的分配综合考虑了各区域的取用水量、支付水平、排污量、废水处理量等多种因素，兼顾公平与效率，最能体现区域对上游下泄水量的使用情况。具体的计算公式如下：

$$\theta_{fi} = \frac{Q_i}{Q} \qquad (4-9)$$

式（4-9）中，$\theta_{fi}$ 为根据初始水权分配量测算的流域下游第 $i$ 个区域的补偿额占总补偿额的比例，$Q_i$ 表示流域下游第 $i$ 个区域的初始分配水量（亿立方米），$Q$ 为水源地的下泄水量（亿立方米）。

基于初始水权确定流域各区域的水量保护责任，综合了多个因素的偏好与倾向，便于下游各区域的接受。区域取用上游水量的多少主要取决于各因素所占权重的大小。应结合实际，采用合理的权重取值，确定科学的水权初始分配数额。

（2）分摊金额的计量。

依据上游水源地基于水量的保护成本，去除上游自身利用的水量后，得到水源地应被补偿的数额。结合各区域的分摊比例，得到下游各受益区域应支付给投入方水源地的补偿额度。

$$M_{Fi} = \theta_{Fi} M_{v0} \qquad (4-10)$$

式（4-10）中，$M_{Fi}$ 为流域中第 $i$ 个区域因水资源利用而分摊的水量保护金额，$M_{v0}$ 为水源地基于水量保护应受偿的数额，其他符号意义同上。

### 2. 根据区域出境断面水量增加值进行保护性补偿

通过比较各区域出境断面处的径流量与理论径流量的差额，结合单位水量保护成本，计算各区域在水量增加方面的补偿金额。

### 3. 基于水量的保护性补偿综合测算

各区域基于水量保护行为补偿额的表达式为：

$$M_{v0} = Q \overline{C} \qquad (4-11)$$

$$M_{vi} = M_{Fi} + \Delta Q_i \overline{C} = M_{Fi} + (Q_{si} - Q_{li}) \overline{C} \qquad (4-12)$$

式（4-11）和式（4-12）中，$M_{v0}$ 为水源地水量保护的补偿额，$M_{vi}$ 为流域中第 $i$ 个区域基于水量维护的保护性补偿额，$Q$ 为流域源头的下泄水量，$\Delta Q_i$ 为第 $i$ 个区域交界断面处的水量增加值，用其实际出境水量 $Q_{si}$ 与理论径流量 $Q_{li}$ 的差额表示，$\overline{C}$ 为单位水资源保护成本，其他符号意义同上。

### 4.2.4　综合保护性补偿量的确定

将基于水质和水量的生态补偿额综合叠加,确定流域各区域最终的保护性补偿金额,即:

$$M_{pri} = M_{qi} + M_{v0}(M_{vi}) \qquad (4-13)$$

## 4.3　惩罚性补偿标准测算

### 4.3.1　理论探讨

惩罚性生态补偿属于生态补偿的广义概念,也是现有生态补偿中易被忽略的。惩罚性生态补偿指的是利用经济手段,对流域生态负外部性效用的消除。主要包含两种情况:一是对原有免费或廉价使用流域资本、服务的利益主体进行收费;二是对故意污染或超标使用流域资源的利益主体进行惩罚以修复生态。

(1) 体现了公平正义。《环境保护法》中明确提出生态环境损害者应承担相应的责任。流域中的利益主体为发展自身经济,常以牺牲环境为代价。由于水资源的流动特性,上游处于优势地位,区域对流域生态的污染或超量利用会直接影响到下游的用水安全,损害到下游利益。流域上游因污染或超标利用资源获得额外收益、对生态环境产生了负向影响,但却没有承担相应的责任,存在流域生态资源利用的不公平,导致流域资源使用处于无序状态。因此,有必要对上游的污染和超标利用行为进行约束,通过惩罚性补偿来弥补其下游损失,实现流域资源利用的公平正义。

(2) 保护流域生态环境的必然。流域中的自然资源不是免费的,需要支付相应的使用成本。惩罚性补偿可增大流域利益主体对水资源的污染和超标利用成本。根据"理性经济人"的基本假设,利益主体在今后的生产、生活中会权衡水资源利用所带来的利弊得失,因利益而改变行为方式,实现水资源的高效配置。惩罚性补偿可有效遏制上游污染破坏的侥幸心理，从反方向促进流域生态的不断改善。

## 4.3.2 基于水质的惩罚性生态补偿标准核算

基于水质的惩罚性补偿主要是指因超量排污的外部不经济行为给其他区域造成损失而需补偿的状况。行为主体通常为上游地区的个人、企业和事业单位等，主要利用水质变化来测度利益主体的负外部性。

### 4.3.2.1 流域水质污染程度的评判

综合水质评价是确定流域生态惩罚性补偿标准的基础，通过对流域内各监测断面的水质变化做出合理评价，以此来确定补偿数额。为保证数据结果的一致性和可比性，与 4.2 节相同，利用主要污染因子监测指标对区域的生态破坏行为进行测度，采用综合水质标识指数（WQI）评判流域水质的污染程度。

根据《国家地表水环境质量标准》（2002）对地表水质量等级的分类，将流域交界断面实测的水质综合评价结果与协议水质标准相比较，没有满足协议水质标准指标的部分即为需要补偿的内容。假定协议水质标准为Ⅲ类水，其对应的 WQI = 3.000。当实际评价结果 WQI′ = WQI ≤ 3.000 时，说明 A 区域严格按照要求维护了水质，保护行为大于污染行为贡献，不需要支付费用补偿下游；当 WQI′ > 3.000 时，说明上游的生产经营产生了负外部性，需要对受损的下游进行补偿。补偿量的多少与水质监测值同协议标准值的偏离程度有关，偏离度越大补偿量越大。

### 4.3.2.2 流域水质重置成本的确定

现有研究中，学者们多采用生态系统服务功能价值（周晨，2015）、利益相关者的支付补偿意愿（Morana，2007；Amigues，2002）、生态建设成本（刘俊鑫，2017）、生态足迹（耿涌，2009；肖建红，2015）等方法对流域生态补偿标准进行测算。

流域生态惩罚性补偿标准确定的本质是弥补流域上游外溢至下游的负外部效应，以此来矫正流域上下游间的环境与经济利益关系。流域生态系统服务价值的计算缺乏必要的市场定价基础，许多服务价值能否用货币量化存在争议，且数额通常较大，在当前的经济发展阶段难以应用到实践中；意愿调查法存在较大的主观性，生态服务价值受损方愿意接受的补偿通常较高，而超量享受生态服务方愿意支付的费用较低，两者会出现补偿费用的两个极端，难以达成一致；生态足迹和环境承载力等在确定补偿标准时涉及因素众多，且数据指标繁杂，难以准确区分利益主体的污染利用贡献；实际操作中通常选择成本法来确定生态补偿额度。如新安江、闽江等流域的生态补偿都采用了成本法进行补偿资金的核算。

相比于成本法中常用的直接成本、机会成本等方法，重置成本法计算简便，且测算的补偿结果更符合现有的经济水平。重置成本，也称"恢复成本"，是成本法中的一种，常用于企业的资产定价，是指现有条件下重新购置某一资产所需支付的费用，应用于流域中，可表示为将污染水质还原成优良水质所需付出的成本费用（耿翔燕，2018）。流域上游没有对污水进行有效处理，污染了水质，下游若想正常使用需要投入费用将污水改善。将下游所花费的重置成本作为上游需支付的补偿金额，可以看作是上游出钱委托下游处理，用经济手段转移责任，有利于上下游政府的理解和赞同，是一种更现实的选择。学者们基于污水处理厂以关键污染因子的处理成本，如 COD、氨氮的平均成本等，对漳卫南流域、淮河流域的生态损害赔偿标准进行了计量（庞爱萍，2010；黄涛珍，2013）。上述研究为惩罚性补偿标准的确定提供了理论基础和研究思路，但对流域重置成本的计算过于笼统，缺乏严密性，多采用统一的标准，没有体现出不同浓度污水对应处理成本的差异性。鉴于此，结合目前我国流域生态普遍恶化的实际情况，本书尝试在科学评价流域动态水质状态的基础上，利用全国 76 家典型污水处理厂的治理成本数据，构建污水主要影响因子浓度与其对应单位处理成本关系的计量模型，计算不同浓度水质还原成协议水质所对应的单位重置成本，进而确定惩罚性补偿标准。

**1. 数据来源与分析**

考虑到数据的可得性和科学性，本书以流域中主要污染物 COD、氨氮（$NH_3 - N$）的处理成本之和作为流域水质的重置成本。选取污染物排放标准执行一级 A 标准下的全国 76 家典型污水处理厂的单位治理成本、COD 进出水浓度、氨氮进出水浓度等指标为样本进行基础数据

85

分析。处理工艺主要为传统活性污泥法和氧化沟法。数据来源于《中国城镇污水处理厂汇编》（2006）。考虑到地区间经济发展水平的差异，治理成本采用直接处理成本。考虑到时间效应，以每年3%的通胀率得到当下直接处理成本的金额。

**2. 污染物重置成本分析**

污染物重置成本模型构建的前提条件为：①污染物处理都是在满负荷条件下进行，现有的污水处理能力可以无限提升；②污染物可进行分离处理（Weber M L，2001）；③污染物的浓度存在取值范围，在排放标准内都可进行还原。

污水处理厂的单位治理成本是多种污染物同时消除所需成本的总和，计算某一种污染物的处理费用时应将其他污染物处理费用剔除。为此本书引进杨金田提出的处理设施效益概念，将各污染物的处理成本在总处理成本中分离，得到各自的处理成本系数。

$$\eta_j = \frac{D_j - E_j}{S_j} \qquad (4-14)$$

式（4-14）中，$\eta_j$ 为处理第 j 种污染物的处理效益值，$D_j$ 为第 j 种污染物的进水浓度（毫克/升），$E_j$ 为第 j 种污染物的出水浓度（毫克/升），$S_j$ 为第 j 种污染物排放标准浓度（毫克/升），这里选择污水处理厂污染物排放标准执行一级 A 标准时的排放浓度。

各污染物处理设施效益间的比例关系与其治理成本间的比例关系具有一致性，可根据各污染物处理设施效益间的比值得到不同污染物处理成本占总处理成本的比例，结合污水的处理量和对应污染物的去除率，得到每吨污水处理单位某污染物所需的处理费用。

$$T_j = \frac{T}{(D_j - E_j) Q_c} \qquad (4-15)$$

$$T = C \frac{\eta_j}{\sum_{j=1}^{n} \eta_j} \qquad (4-16)$$

式（4-15）、式（4-16）中，$T_j$ 为消除一单位第 j 种污染物所需的处理成本（元/毫克）；$Q_c$ 为污水处理厂的处理水量（吨）；T 为在总处理成本中分离出的第 i 种污染物的处理成本（元）；C 为污水处理厂的总处理成本（元）；$\eta_j / \sum_{j=1}^{n} \eta_j$ 为第 i 种污染物的处理成本占总处理成本的比例；其他符号意义同上。

### 3. 污染物重置成本计量模型

鉴于各地区污水处理厂处理污染物时的侧重点不同，各污染物的执行排放标准存有差异，加上部分污水处理厂的处理指标不齐全，因此各污染物的分析样本数量与总样本数略有差别。选取的 76 个污水处理厂中，其中 COD 排放执行一级 A 标准的有 66 个，氨氮执行一级 A 标准的有 66 个。

（1）COD 重置成本模型。

利用 COD 进水浓度为 75.2 ~ 709.8 毫克/升时的 66 个数据，得到 COD 处理为同一标准时进水浓度与其单位处理成本间的散点图，利用 MATLAB 2016 软件进行多种曲线拟合，模拟出两者间最适合的函数关系式如图 4 - 2 所示。

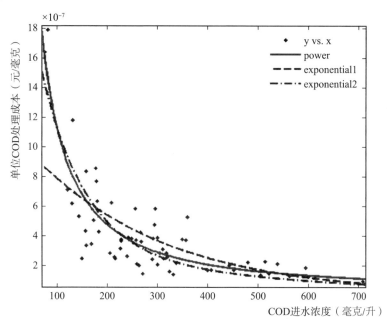

图 4 - 2　COD 进水浓度与其单位处理成本关系曲线拟合

从图 4 - 2 中可以看出，在还原为同一水质标准的前提下，随着污染物浓度的升高，增加单位污染物消减所需的费用不断降低，最后趋于平缓。这是由于污水处理时投入的设施、人力等部分成本存在重合公用现象，污染物消减量的增加会降低其单位处理成本；当进水浓度超过处理能力时，多余的污染物无法还原导致其单位处理成本逐渐趋于稳定。结果与事实相符。

为更准确判断 COD 进水浓度对其单位处理成本的影响，以 COD 进水浓度为 X 轴，单位 COD 处理成本为 Y 轴进行曲线拟合后得到的相关参数如表 4-5 所示。

表 4-5　COD 进水浓度与其单位处理成本函数关系的相关参数值

| 函数类别 | 表达式 | $R^2$ | Ad $R^2$ | F 值 | SSE | RMSE |
|---|---|---|---|---|---|---|
| Power | $Y = ax^b + c$ | 0.7557 | 0.7479 | 121.2798 | 1.54E-12 | 1.56E-07 |
| Exponential | $Y = ae^{bx}$ | 0.5065 | 0.4988 | 86.6137 | 3.11E-12 | 2.20E-07 |
| Exponential | $Y = ae^{bx} + ce^{dx}$ | 0.7034 | 0.6891 | 86.6137 | 1.87E-12 | 1.74E-07 |

Coefficients: with 95% confidence bounds; Included observations: 66; Dependent Variable: COD 进水浓度（毫克/升）; Independent Variable: 单位 COD 的处理成本（元/毫克）。

图 4-2 和表 4-5 的结果表明，幂函数形式下，模型的相关系数为 $R^2 = 0.7557$，拟合度较高。在 5% 的显著性水平下，F 值为 121.2798，远大于 F 统计量的临界值 $F_{0.05(1,64)} = 4$，F 检验通过，说明模型的幂函数关系显著成立。剩余平方和 SSE 值与剩余标准差 RMSE 值也接近于 0，说明曲线整体拟合效果很好，数据预测较为成功。指数函数中第二种形式的拟合度更高一些，F 值都通过了检验，SSE 值和 RMSE 值也比较小。通过对比，可以发现 COD 进水浓度与其单位处理成本的函数关系更适合于幂函数形式。经计算其函数模型为：

$$Y_{COD} = 0.0004187 \times X_{COD}^{(-1.29)} + 2.186 \times 10^{-8} \qquad (4-17)$$

其中，$Y_{COD}$ 表示每吨水处理 1 毫克 COD 所需的成本（元），$X_{COD}$ 表示 COD 的进水浓度（毫克/升）。

通过现有数据得到的幂函数模型，可以推导出不同进水浓度下单位 COD 的处理成本，进而得到不同污染程度时对应的 COD 重置成本。

（2）氨氮的重置成本模型。

有污水处理厂的数据样本中，执行氨氮排放标准为一级 A 标准的有 66 个，去除因治理技术引起处理成本数值异常的 3 个数据，共含有效样本数 63 个。样本中氨氮的进水浓度范围为 1.2～66.4 毫克/升，以此构建氨氮进水浓度与其单位处理成本之间的散点图，利用 MATLAB 2016 软件，对两者间的关系进行曲线拟合，拟合曲线如图 4-3 所示。

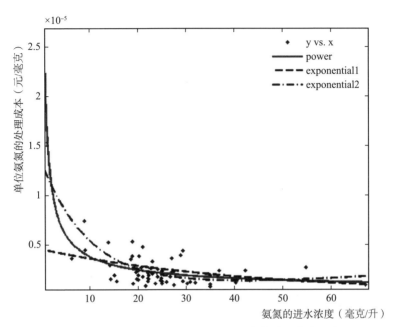

**图 4-3　氨氮进水浓度与其单位处理成本关系曲线拟合**

从散点图中可以看出，同 COD 类似，氨氮的进水浓度与其单位处理成本间存在非线性关系，单位氨氮的处理成本也随氨氮进水浓度的增加而降低，并逐渐趋于平缓。根据拟合的曲线走向，可以初步判定幂函数的曲线更贴近于散点图中各样本点的分布。

以氨氮进水浓度为 X 轴，单位氨氮处理成本为 Y 轴拟合后的函数关系式及相关参数如表 4-6 所示。

参照表 4-6 中各函数关系的有关参数，进一步验证上述推断。曲线拟合结果表明，幂函数与指数函数拟合的相关系数 $R^2$ 分别为 0.7142、0.2326 和 0.6327，幂函数的拟合度较高；在 5% 的显著性水平下，幂函数与指数函数的 F 值分别为 35.15、16.42 和 16.42，都通过了 F 检验，相比之下，模型的幂函数关系更为显著；幂函数拟合的剩余平方和 SSE 与剩余标准差 RMSE 分别为 7.82E-11、1.14E-06，同指数函数拟合的结果相比更接近于 0，说明数据预测较为成功。

表 4 - 6 氨氮进水浓度与其单位处理成本函数关系的相关参数

| 函数类别 | 表达式 | $R^2$ | Ad $R^2$ | F 值 | SSE | RMSE |
|---|---|---|---|---|---|---|
| Power | $Y = ax^b + c$ | 0.7142 | 0.7047 | 35.1546 | 7.82E - 11 | 1.14E - 06 |
| Exponential | $Y = ae^{bx}$ | 0.2326 | 0.2200 | 16.4241 | 2.10E - 10 | 1.86E - 06 |
| Exponential | $Y = ae^{bx} + be^{dx}$ | 0.6327 | 0.6140 | 16.4241 | 1.01E - 10 | 1.31E - 06 |

Coefficients：with 95% confidence bounds；Included observations：63；Dependent Variable：氨氮进水浓度（毫克/升）；Independent Variable：氨氮单位处理成本（元/毫克）。

通过上述分析，可知氨氮的进水浓度与其单位重置成本间是幂函数关系。具体函数关系式如下：

$$Y_{NH_3-N} = 1.724 \times 10^{-5} \times X_{NH_3-N}^{-0.6858} + 2.393 \times 10^{-7} \qquad (4-18)$$

式（4-18）中，$Y_{NH_3-N}$ 为单位氨氮的处理成本（元/毫克），$X_{NH_3-N}$ 为氨氮的进水浓度（毫克/升）。

根据上述得到的单位氨氮处理成本的幂函数关系式，可以推导出不同污染浓度下单位氨氮的重置成本。

### 4.3.2.3 基于水质补偿量的核算

利用综合水质标识指数对流域内各行政区域交界断面的入水水质和出水水质做出综合评价，确定流域各行政区域的污染程度。依据各污染物处理成本的变化规律，采用重置成本法，确定区域因保护不力或污染行为而补偿其下游的最终数额。

$$M_{wi} = \sum_{i=1}^{n} M_j Q_i \qquad (4-19)$$

$$M_j = \int_{x_1}^{x_0} f(x_j) \, dx \qquad (4-20)$$

式（4-19）、式（4-20）中，$M_{wi}$ 为流域中第 i 个区域水质的惩罚性补偿数额，$M_j$ 为第 j 种污染物还原至协议水质的单位重置成本。n 为超标污染物的个数，$Q_i$ 为第 i 个区域出境断面处的径流量（立方米），$x_0$ 为第 j 种污染物的协议水质指标，$x_1$ 为第 j 种污染物出水断面的水质指标，$f(x_j)$ 为第 j 种污染物的重置成本函数。

## 4.3.3　基于水量的惩罚性生态补偿标准核算

水量多少直接影响到区域的经济水平和生活质量，充足便利的水资源可为区域的生产发展增添动力，匮乏的水资源会使区域发展受限，生活环境易遭受威胁（陈艳萍，2015）。

流域水资源作为准公共物品，具有竞争性和非排他性的特点，这就容易造成流域上游对水资源的超量使用。上游对水量的过多占用会使得下游用水受限，严重影响下游正常的生产生活及生态环境，导致下游出现断流、地下水位下降、海水倒灌、用水成本升高等隐患，甚至威胁到整个流域生态系统的健康。

基于水量的惩罚性补偿主要是对超过限额享受过多效益的利益主体进行收费。一般情况下，超标用水的补偿方主要是指上游对下游的补偿。流域上下游具有平等的用水权，当一方侵占其下游的用水权时，应为其行为支付相应费用。对超量用水主体进行惩罚，一方面体现了水资源的稀缺性，彰显水资源价值；另一方面可将利益主体的不规范行为带来的负外部性内部化，弥补下游遭受的损失，修复其正常生产生活及生态环境。

### 4.3.3.1　补偿标准的确定

基于超量用水的补偿额存在两个极限：补偿下限是上游因超量用水增添的经济效益；补偿上限是下游因上游超量用水行为造成的经济损失。

根据经济学的观点，水资源价值在要素的投入和产出等阶段存有差异，上游多为经济落后地区，因此其利用水资源产出的效益通常是低效率的。以上游增加的额外收益作为补偿下限，使其超量用水的净收益为零或负，能真正抑制上游的超量用水行为，实现水资源的高效配置。流域下游多为经济相对发达地区，单位产出效率较高，因水资源的减少而造成生态环境、生产生活等多方面的损失，数额较大。以下游遭受的损失作为补偿额，下游愿意接受，但对补偿方上游来说超出其支付能力，因此可作为补偿的上限。

流域上游对水资源的超量占用，可以看作是与其下游进行的一种特殊的水权转让。与传统的水权转让不同，这里的转让具有被动性。水资源转让形式的补偿需要既能弥补下游在人力、物力上的损失，又能够在上游的支付范围内，起到惩戒作用，这样的补偿才有意义。

本书提出采用水资源价格的计算值作为基于超量用水补偿额的参考值，即将水资源看作商品，把下游看成是类似于水厂之类的供应方，上游即为用水单位，通过一定标准将水资源的生态服务用价格货币化，体现水资源的使用价值和稀缺性，简单易用。现有的水资源使用范围分为居民生活用水、非居民生活用水和特殊行业用水三种。水资源价格的确定没有明确的计算公式，是在输水成本的基础上加上合理利润而成。这里由于下游用水被占的特殊性和谈判中的弱势性，我们只是借用现有水资源体现出的价格作为补偿金额，不进行市场谈判。水资源价格计算的补偿金额介于上限与下限之间，实质是提高了上游的用水成本，使得上游超量用水不划算，从而自觉放弃过多占用行为。从可操作的角度出发，用水资源价格来确定基于超量用水补偿标准是一种不错的选择，其中上游超量使用的水资源可能会运用到多个领域，为突出惩戒作用，促进上游的节约用水，这里我们可以选用区域超额用水范围的最高价 $P'$ 来表示单位水量补偿价格。

### 4.3.3.2 区域超量用水的测度

区域超量用水的准确测度是进行超量用水惩罚的关键。对于初始水权明确的区域，可根据其实际用水量高于理论分水量的差额来表示。对于水权不明确区域的超量用水测度，应先界定好区域的可用水量，然后对比实际用水状况进行测度。清晰的初始水权分配能够帮助用水主体了解自身的可用水量和水资源的价值，提高用水效率，减少额外用水的损害。区域初始可用水量的界定应综合考虑流域水资源总量、区域用水现状、经济发展水平、节水效率等因素，按照指标的重要程度各赋予一定的权重，根据指标综合得分占流域总得分的比例确定其应有的水资源量。

流域各区域超量用水的计算公式为：

$$Q_{ci} = Q_{li} - Q_{si} \ (Q_{si} \geqslant Q_{li}) \tag{4-21}$$

式（4-21）中，$Q_{ci}$ 为区域 i 的超额用水量（亿立方米），其他符号意义同上。

### 4.3.3.3　超量用水补偿额的计算

流域上游因超量用水对其下游的生态环境、生产生活造成负面影响，导致下游用水数量减少，上游应为其过度占用行为付出代价。水资源价格的制定是建立在供应成本的基础之上，本书根据区域超额使用的水量，结合当地最高的水资源使用价格确定应补偿数额。基于超量用水的补偿额的计算公式为：

$$M_{ci} = Q_{ci}P'$$
(4-22)

式（4-22）中，$M_{ci}$ 为区域 i 因超量用水需要支付的补偿金额，其他符号意义同上。

## 4.3.4　综合惩罚性补偿量的核算

从水质、水量两方面入手考虑利益主体的负外部性行为，将基于水质和水量的惩罚性补偿金额相互叠加，得到流域综合的惩罚性补偿标准，即需要支付给因其不规范行为而利益受到损害的相关主体。具体的计算公式为：

$$M_{pui} = M_{wi} + M_{ci}$$
(4-23)

式（4-23）中，$M_{pui}$ 为区域 i 的综合惩罚性补偿额，由水质污染和超量用水补偿额加总而成。

# 4.4　本　章　小　结

补偿标准的确定是流域各区域间开展生态补偿的核心内容。目前，流域生态补偿标准的确定尚未取得共识，缺乏统一、权威的补偿标准衡量体系。现有研究中，多数只侧重于生态保护的正外部效益或生态损害与利用的负外部效应的修正，缺乏对两种外部性的综合考虑。测算的指标中，对水质优劣变化的补偿问题涉及较多，水量的补偿涉及较少。本章以水质水量为衡量指标，兼顾流域生态保护的正外部性行为和负外部性行为的影响，确定流域各区域"双向"的生态补偿标准。

流域保护性补偿标准的核算：①水质方面，首先采用综合水质标识指数法，选取毒性强、具有代表性的污染物对流域水质做出综合评价；其次通过与协议水质标准对比，测度出区域水质的改善程度，以保护成本为依据核算基于水质的补偿标准。②水量方面，利益主体的保护行为可从两方面进行考虑。一是以水源地为代表的流域上游为保证充足的下泄水量投入了大量资本，牺牲了部分发展机会，其外溢水量的正外部效益应得到补偿；二是流域各区域通过提高用水效率、外部汇入等方式增加原有下泄径流量的行为应该得到补偿。构建多指标分配体系，以水源地的下泄水量为可分配总量，根据各指标的综合权重，计算区域的分配比例，得到流域各区域的初始可用水量。将区域实际用水量低于初始可用水量的部分作为节约水量，计算水量保护行为的补偿额。

流域惩罚性的补偿标准：①水质方面。采用综合水质标识指数法测度区域的水质污染行为，依据重置成本法计算应承担的超标治污成本，进而确定相应的水质惩罚性补偿金额。②水量方面，根据实际用水高于初始可用水量间的差额，确定超额用水量，利用水资源市场价格中的最高价核算区域对其下游地区造成的损害。

双向生态补偿标准的计量，核算内容更加全面，可有效遏制流域生态污染破坏行为，激励流域生态保护与建设，促使流域各行为主体利益得到有效保障。双向补偿标准的确定为流域生态补偿机制的构建奠定了坚实基础。

# 第5章 流域双向生态补偿标准综合测算及调整

补偿标准是否合理直接影响着补偿机制的科学性与可实践性。全面衡量流域上下游间的补受偿关系，综合考虑利益主体的生态保护贡献与污染消耗行为，以水质水量为指标将保护性补偿与惩罚性赔偿叠加耦合，综合测算流域各利益主体的补受偿金额。在此基础上，根据流域各区域的实际经济发展水平对综合补偿标准进行调整，提高流域生态补偿的精准性。确定各区域最终的补受偿金额。

## 5.1 基 本 思 路

本章是对第4章补偿标准核算的补充与完善。主要从以下两个方面进行研究探讨：一是结合流域利益主体行为的正外部效益和负外部效应，耦合确定流域各区域的综合补偿数额；二是从实际出发，结合区域的实际支付能力，对各区域的综合双向补偿额做出相应调整，实现补偿标准的差异化，提高补偿效率。其中，双向补偿标准的调整是研究重点。

补偿标准的制定要实现差异化，突出利益主体的不同行为后果。补偿标准的差异化不仅体现在依据区域实际生态保护与污染情况进行补偿标准核算，还体现为核算的补偿总金额在不同区域实施上的差异性。科学合理的流域生态补偿标准并不仅是确定一个具体的数值，还得保证利益主体能够接受并可实际运行。现有的补偿标准计量多偏重于理论分析，如生态系统服务价值法、生态足迹法等，在现有的经济水平下，测算的补偿金额往往超出补偿者的支付能力，导致补偿机制难以正常运行。

流域中的各区域因经济发展基础、社会环境、思想观念和资源禀赋等因素的不同，对生态产品的需求和支付能力存有差异。通常流域上游多为生态脆弱区，生态资源丰富，但发展水平较低，加上高成本的环保投入进一步阻碍了区域正常的经济发展。流域下游相对于上游来说，多为经济发达地区，对生态资源的需求较为旺盛，资源消耗量较多，有一定的支付能力。因此结合流域上下游各区域的实际水平对补偿标准进行适当调整，可提高生态补偿效率，有效保障流域各方的合理利益。

## 5.2 双向生态补偿量的确定

### 5.2.1 双向补偿量的耦合

作为河流中的两个基本特性，水质与水量二者相互关联、互相协调，共同促进流域生态的健康发展。当其中任何一个因素出现问题时，都会导致流域生态环境受到威胁。因此，同时考虑水质、水量因素，体现了补偿标准核算内容的全面性与科学性。但两个因素之间存在耦合效应，水量的大小不仅影响水量在保护性补偿和惩罚性赔偿方面的生态补偿量，还会影响到补偿标准核算中水质方面的生态补偿量。如果将二者的补偿量直接加总，得到的保护性补偿标准或惩罚性补偿标准会存在计量重叠，导致补偿金额过大。因此，在对流域生态补偿的综合测算中，为获得各区域准确的综合补偿额，关键是分离出水量指标对基于水质的生态补偿量及整个补偿的影响。

目前关于流域水质水量耦合效应的研究较少，尚没有较好的方法来厘清水量对水质的影响程度。在保护性补偿与惩罚性补偿的测算中，为去除水量水质间补偿量的重叠，可以采用基于水质和水量生态补偿额中的最大值作为补偿标准，或者选用基于水质和水量生态补偿量的均值作为补偿标准，这是两种思路，但科学性不足，难以体现出水质水量间的具体关系。在综合考虑水质水量的补偿标准测算时，有些学者直接将水质中的水量部分作为所有水量的补偿量（郑海霞，2006），还有学者直接以系数的形式体现水量因素，引入水质水量系数或以实际调水量与任务调水量的百分数作为水量判定系数对流域的补偿标准进行调整（刘玉龙，2006；胡仪元，2015）。上述做法为本书研究提供了思路，对水质水量的耦合有一定的消除，但没有全面体现出水量方面的补偿，且系数计量不够严谨。在借鉴现有研究的基础上，本书采用德尔菲法为水量水质耦合效应的分析提供指导。通过征求水文水资源、污水处理、水资源经济等流域生态领域的专家建议，以打分的形式量化水质补偿中水量因素的影响及水量对整个流域生态补偿量的影响。利用比例方式确定水量的补偿中的贡献量，得到合理的保护性补偿与惩罚性补偿标准，进而得到各区域最终的综合补偿数额。具体的计算公式如下：

$$M'_i = M_{pri} + M_{pui} = (M_{qi} + M_{vi} \cdot \alpha) + [M_{wi} + M_{ci} \cdot \alpha] \qquad (5-1)$$

由于水质的保护性补偿（惩罚性补偿）额中包含一定的水量保护性补偿（惩罚性补偿），所以采用一定的比例缩减基于水量的保护性补偿（惩罚性补偿）额，以此避免计量重叠问题，增强补偿标准的准确性。需要说明的是，式（5-1）关于水质水量补偿额的重叠计算更多地体现为水质水量同时补偿或受罚上，当两者核算的补受偿方向不一致时，不考虑耦合效应。

## 5.2.2　双向补偿量的综合测算

在第 4 章分析中，我们从多个角度进行了保护性补偿标准与惩罚性补偿标准的核算。在去除标准核算中水质与水量的耦合效应后，将流域内同一区域保护性补偿与惩罚性补偿额进行加总，得到区域自身正外部效益与负外部性效应叠加抵消后的实际补偿（受偿）标准，即为双向补偿标准的综合测算额。具体的计算公式为：

$$M = M_{pri} + M_{pui} \qquad (5-2)$$

式（5-2）中，M 为双向的综合补偿额；$M_{pri}$ 为保护性补偿金额；$M_{pui}$ 为惩罚性补偿金额。

与以往补偿额度的确定不同，双向补偿标准的核算全面涵盖了区域对流域生态的保护贡献与污染损害贡献，更加科学地衡量了流域各利益主体的行为选择，而且采用成本法和水资源价值法等区分了保护与损害的难易程度，实现了补偿标准的差异化，从激励和惩罚两方面同时入手更好地推动了流域生态经济的可持续发展。

## 5.3　双向补偿量的调整

### 5.3.1　双向补偿量调整的必要性

现阶段，按照理论推导计算出的补偿金额在部分地区很难实现。流域的上中下游区域存在发展不均衡问题，各利益主体的政策认知与心理预期互不相同，区域间的发展差异要求补偿标准需瞄准落地，这也是对补偿标准进行调整的根本动因。

随着生态补偿机制的逐步深化和不断完善，补偿的公平性日显重要。补偿标准的差异化和适应性仅靠市场的自我调节难以实现，需要依赖政府的行政干预进行保障。生态补偿标准调整的最终目的是为了有效惩戒生态负外部性行为，更好地激励利益主体投身于流域生态保护中去。

生态保护者为维护良好的生态环境丧失了许多发展机会，生态补偿金最好能够弥补其损失，帮助改善生态保护主体的生活水平，也就间接体现了生态补偿的扶贫作用。目前，生态环境和扶贫脱坚是两个国家重点关注的领域，两者之间存在协同性，习近平更是在中央扶贫开发工作会议提出了通过"生态补偿脱贫一批"的路径，各级政府也是出台多项措施试图将两者进行有效结合。从实际情况中看，流域生态补偿的受偿区在地理位置上与贫困地区存在高度重合，因此新形势下，在完善并做好生态补偿的同时应尽可能发挥其扶贫作用，将补偿资金在合理范围的前提下向贫困地区倾斜，逐步改善流域各区域经济发展失衡问题，增加贫困主体在生态保护中的收益水平。

### 5.3.2　基于经济发展水平的补偿量调整

#### 5.3.2.1　基于经济发展水平调整的科学性

流域生态补偿数额要实现既能激励生态保护者又能让水资源破坏者

在支付能力内付出相应代价，最终实现流域上下游的平衡发展。现有研究多考虑其中一方面，导致核算的补偿金额没有起到激励作用或超出补偿者的支付能力。流域中不同区位自然环境的重要程度存有差异，提供的生态服务价值也各不相同。区域的发展程度反映了利益主体对生态补偿的支付能力和心理预期。

支付能力与支付意愿不同，不仅是心理上的一种倾向，更多表现为具体的、实际支付行为，这也是决定生态补偿运行的根本性约束条件，直接决定补偿资金的多少。只有补偿意愿而缺乏补偿支付能力，相当于"纸上谈兵"，毫无意义。利益主体因其负外部性行为所需缴纳的罚金应在其支付能力范围内，而支付能力的大小则取决于经济发展水平。通常经济发展水平高的地区，支付能力较强，能够为其负外部性行为负责；而经济发展落后的地区，支付能力有限，难以赔偿高额的生态补偿费用。

受偿程度方面，相同数量的补偿额对不同发展水平的区域带来的边际激励效益存有差异。通常，同等补偿金额对发达地区的边际激励效应较小，而对贫困地区的边际激励效应明显。在相同条件下，应增强向贫困地区进行资金补偿倾斜的力度，提高补偿效率。

鉴于此，基于经济发展水平角度对补受偿金额进行调整，可促使生态补偿更加贴近实际，增强经济水平不对等区域发展的均衡性，解决生态保护与经济利益间的矛盾冲突，增强补偿机制的可操作性。

基于经济发展水平对补受偿金额调整的关键是科学评价流域各区域的经济发展程度。那么，如何准确衡量区域的经济状况与发展水平呢？目前，许多学者对此进行了积极探索，如有学者以 GDP 增长率和人均GDP 为指标，对甘肃省县域经济的发展水平进行评价，将甘肃省 87 县（市）划分为经济发展水平高值到低值 5 个档次（马利邦，2010）；部分学者从工业经济视角对区域的发展水平进行评价，指出人才、技术、贸易市场等是制约发展的主要因素（龚映梅，2009）；还有学者从资源循环利用、环境保护、碳排放等多个维度选取指标，研究评价了我国循环经济和低碳经济的发展水平（唐笑飞，2011；董鸣皋，2014）。上述学者的研究为本书提供了丰富的素材，但也存在一些不足。单以 GDP或人均 GDP 为衡量指标的评价，难以体现区域经济发展水平的全面性。

以多个指标开展综合评价的研究在指标选取和评价方法上尚未形成统一，常用的 AHP 等赋权方法，主观性较强且不同方面的指标标准各异，各区域的基础水平和资源禀赋也各不相同，权重的适用性较差。鉴于此，本书从经济规模、发展结构、经济效益、资源耗费四个方面入手，综合考虑区域间的发展差异，展现区域经济水平与环境可持续性间的关系，选取 10 个主要影响因子，构建区域经济发展水平综合评价体系，对流域各区域的经济发展程度做出合理评价。

### 5.3.2.2　评价指标体系的构建

经济发展水平的综合评价是按照一定指标对区域的经济状况进行科学量化分析的过程，不仅要考虑区域的经济发展基础和居民生活水平，还要兼顾区域资源保护与耗费情况。通过综合评价，掌握流域各区域间的支付能力与受益程度的差距，找到影响因素，从而为补偿标准的调整提供依据。

#### 1. 指标的选取

经济发展水平评价指标在选择时，应结合经济发展规律，选择与经济发展相关又极具代表性的指标，客观展现区域经济发展的真实状况。基于此，对经济发展水平评价的指标体系构建过程中，应在遵循科学合理、系统一致性、代表性和可操作性等原则的基础上，通过定性与定量分析相结合的方法，公正选择出各方面的评价指标，准确反映区域经济发展变化的内在规律和主要影响因素。

#### 2. 指标评价体系的设计

结合影响经济发展的主要因素，通过征询相关专家、地方官员及居民等多方意见，经过反复筛选论证，确定并构建经济发展水平评价指标体系。如表 5-1 所示，该指标体系共分为三个阶层，第一阶层为评价的综合经济发展水平，第二阶层为对影响经济发展水平因素的初步归类，第三阶层是对第二阶层类别下的进一步细分。

表 5 – 1　　　　　　　区域经济发展水平指标评价体系

| 目标层 | 准则层 | 指标层 | 指标说明 |
|---|---|---|---|
| 区域经济<br>发展水平 | 发展规模 | 人均 GDP | 正向指标，代表地区经济发展水平 |
| | | 总人口数 | 正向指标，经济发展的基础 |
| | | 社会固定资产投资额 | 正向指标，代表在投资方面的经济规模 |
| | | 公共支出占 GDP 比重 | 正向指标，代表经济的财政投入水平 |
| | 发展结构 | 人均工业产业产值 | 正向指标，代表工业产业的发展水平 |
| | | 人均第三产业产值 | 正向指标，代表第三产业的发展水平 |
| | | 万元 GDP 废水排放量 | 正向指标，代表区域经济的发展方式 |
| | 经济效益 | 城镇居民可支配收入 | 正向指标，代表城镇居民的生活水平 |
| | | 农村居民可支配纯收入 | 正向指标，代表农村居民的生活水平 |
| | | 社会消费品零售总额 | 正向指标，代表地区的消费能力 |

　　第一阶层，也称目标层。该评价体系构建的目的是科学评价流域各区域的经济发展水平，区分各区域间经济发展的差异。因此目标层为区域经济发展水平。

　　第二阶层，也称为准则层。根据评价指标体系构建的目的与背景，本书从经济发展规模、经济结构和经济效益三个维度进行设计。

　　第三阶层，也称为指标层。从准则层 3 个维度细分出 10 个具体指标。人均 GDP、人口总数、社会固定资产投资额和公共支出占 GDP 比重代表了区域经济在总量和投资等方面发展规模；人均工业产值、人均第三产业产值和万元 GDP 废水排放量代表了区域经济发展的结构；城镇居民可支配收入、农村居民可支配收入和社会消费品零售总额是居民生活水平和消费方面的体现，代表了经济效益。

### 5.3.2.3　评价方法选择

　　对经济水平的评价，可以通过筛选主要因素，测算出指标综合评价值，也可以通过对各区域综合评价得分排序，比较各区域间的差异。通过对现有研究的梳理，本书主要介绍适宜的主成分分析法和 TOPSIS 逼近理想点排序方法。

## 1. 主成分分析法

主成分分析法是基于数学降维的思想，将复杂问题线性化，通过对各影响因素的归类，筛选出涵盖主要信息的影响因子代表，以少量指标代替全部指标，实现评价指标体系的简单化，提高运算的可靠性（高惠璇，2005）。主成分分析后的最终形式将评价体系简化为少数的主要成分指标和相应权重，通过综合评价值判断各区域的经济发展水平。主要步骤如下（张国珍，2014；赵利，2014）：

第一，将数据标准化处理。综合评价指标体系中各指标代表的含义和数量级别上存有差异，需要对指标的原始数据进行标准化处理，消除数据量纲的影响，统一成相同的标准，方便后续的计算和比较。本书采用 Z-score 的方法对数据进行标准化处理，得到新的矩阵 $R'$。

$$x'_{ij} = \frac{(x_{ij} - \overline{x_i})}{s_i} \tag{5-3}$$

$$R' = \begin{bmatrix} x'_{11} & \cdots & x'_{m1} \\ \vdots & \ddots & \vdots \\ x'_{n1} & \cdots & x'_{mn} \end{bmatrix}$$

其中，$\overline{x_i}$ 为所有评价对象中第 $i$ 个指标原始数据的平均值，$\overline{x_i} = \frac{1}{m}\sum_{j=1}^{m} x_{ij}$；$s_i$ 为所有评价对象的第 $i$ 个指标原始数据标准差，$s_i = \frac{1}{m-1}\sum_{j=1}^{m}(x_{ij} - \overline{x_i})$。标准化后的数据矩阵都具有零均值，方差为 1 的特性。

第二，确定主成分个数。首先，主成分的确定主要依据各影响因子的特征值大小，这也是主成分个数提取的关键。通常以 1 作为判断主成分的临界值。当影响因子的特征值大于 1 时，说明该因子的影响力度高于影响因子的平均水平，可作为该评价体系的主要成分。其次，还要看各影响因子的方差贡献率，主成分的方差总和至少应占全部方差的80%以上，才能说明主成分具有代表性。满足以上两个条件的，可以按照方差贡献率的大小划分为第一主成分、第二主成分等。

第三，计算综合评价值。根据主成分个数和对应的特征向量，代入各评价指标的数据，计算各主成分的评价函数 $F_k$，随后以所占方差贡献率为对应权重，得到综合评价函数，测算各区域的经济发展水平的综合得分 F。具体公式为：

$$F_k = \theta_{k1} x_{k1} + \theta_{k2} x_{k2} + \cdots + \theta_{ki} x_{ki} \qquad (5-4)$$

$$F = \sum_{k=1}^{n} \omega_k F_k \qquad (5-5)$$

式（5-4）、式（5-5）中，$\theta_k$ 为第 k 个主成分中第 i 个评价指标的系数，$\omega_k$ 为第 k 个主成分的权重，n 为该评价体系中主成分的个数。

### 2. TOPSIS——逼近理想点排序法

TOPSIS 法是一种多目标的综合决策法，其基本思想是构建理想点，通过测评对象与理想点的对比，对测评对象做出客观评价（Stewart T J，1992）。

在该方法中，假设测评对象所有指标都是最好的，实际则是虚幻不存在的，将最好的这种状态看作各评价指标的理想状态，称之为理想点。与之相反，假设测评对象的所有指标都是最差的，实际也基本不存在，将这种最差的状态称之为负理想点。将各个测评对象与正负理想点进行对比，构建测评对象与正负理想点距离之间的二维空间，当与正理想点越接近，与负理想点越远离时，可认为该测评对象更符合期望，经济发展水平越高。

依次计算各测评对象与理想点的距离，根据接近度的大小排序，明确各个测评对象的经济发展差异。与传统的 TOPSIS 法不同，本书先采用变异系数法对各评价指标赋予客观权重，再进行逼近理想点的评价，进一步增强了评价结果的客观性和准确性（史彦虎，2013）。具体步骤如下（曹贤忠，2014）：

第一，数据标准化处理。为增强不同指标间的可比性和可计算性，消除数据量纲影响，这里采用相对偏差值法进行规范，进而得到无量纲矩阵 $B_{m \times n}$。首先取所有测评对象 m 中第 j 个评价指标的最大值和最小值，分别为 $a_j^{max} = \max\limits_i a_{ij}$、$a_j^{min} = \min\limits_i a_{ij}$（$i = 1, 2, 3, \cdots, m; j = 1, 2, 3, \cdots, n$，n 为评价指标的个数）。

对于正向型指标的处理公式为：

$$b_{ij} = \frac{a_{ij} - a_j^{min}}{a_j^{max} - a_j^{min}} \qquad (5-6)$$

对于负向型指标的处理公式为:

$$b_{ij} = \frac{a_j^{max} - a_{ij}}{a_j^{max} - a_j^{min}} \quad (5-7)$$

第二,确定指标权重并构建加权矩阵。本书利用变异系数法对各指标赋予客观权重。变异系数法又称标准差法,主要依据指标数据间的差异程度进行赋权,与其他赋权方法相比,不受数据尺度和量纲的影响,方便不同指标间的客观比较。首先测得各评价指标数据的平均值 $\overline{a_j}$ 和标准差 $S_{ij}$,在此基础上,测算指标的变异系数 $V_j$,具体的计算公式为:

$$V_j = \frac{S_j}{a_j} = \frac{\sqrt{\dfrac{1}{m-1}\sum_{i=1}^{m}(a_{ij} - \overline{a_j})^2}}{\dfrac{1}{m}\sum_{i=1}^{m}a_{ij}} \quad (5-8)$$

以指标变异系数占该指标总变异系数的比例确定各指标的权重 $W = (w_1, w_2, w_3, \cdots, w_j)$,计算公式为:

$$w_j = \frac{V_j}{\sum_{j=1}^{n}V_j} \quad (5-9)$$

结合标准化数据和各指标权重,构建加权的指标规范化矩阵 C:

$$C = B \times V = (c_{ij})_{m \times n} = \begin{bmatrix} c_{11} & \cdots & c_{1n} \\ \vdots & \ddots & \vdots \\ c_{m1} & \cdots & c_{mn} \end{bmatrix}$$

第三,计算虚拟的正负理想点。在构建完加权矩阵后,将采用 TOPSIS 法进行区域经济水平的评价。正负理想点的计算为 TOPSIS 法应用提供了标准。其中正理想点由各个指标加权后的最大值构成,负理想点由各个指标加权后的最小值构成。

$$D^+ = \max_i c_{ij} = (c_1^+, c_2^+, \cdots, c_n^+), \quad j = 1, 2, \cdots, n$$

$$D^- = \min_i c_{ij} = (c_1^-, c_2^-, \cdots, c_n^-), \quad j = 1, 2, \cdots, n$$

第四,确定不同测评区域与正负理想点的欧式距离。测评区域与正理想点的距离为:

$$d_i^+ = \sqrt{\sum_{j=1}^{n}(c_{ij} - D_j^+)^2}$$

测评区域与负理想点的距离为:

$$d_i^- = \sqrt{\sum_{j=1}^{n} (c_{ij} - D_j^-)^2}$$

第五，计算贴近度 E。根据上述确定的各区域与正负理想点的距离，核算测评对象与正理想点的贴近度，以此来表示区域经济发展的好坏。具体的计算公式为：

$$E_i = \frac{d_i^-}{d_i^+ + d_i^-} \qquad (5-10)$$

贴近度 E 介于 1 ~ 0 之间，E = 1 时说明区域发展水平极高；E = 0 时，说明区域处于无序状态。对各区域的贴近度进行比较并排序，贴近度越大的区域说明越接近理想状态，经济发展水平越高。按照贴近度由大到小进行排序，即可得到各区域的发展差异。

### 5.3.2.4　补偿标准的调整

根据上述讨论，基于经济水平的补偿标准调整可采用主成分分析法和 TOPSIS 法两种方法进行开展。补偿标准调整的总方向为更好地体现公平和向贫困弱势群体倾斜。

**1. 依据主成分分析法确定调整系数**

厘定影响区域经济发展的主要因子后，根据综合评价值的大小判断各区域经济发展水平的高低。计算流域综合评价值的平均数 $\overline{F}$，以此作为区域经济发展水平判断的标准，并构建相应的支付系数和受偿系数。

当区域的综合评价得分低于流域平均值时，说明该区域经济发展较为落后，支付能力较弱，为保障生态补偿机制的可实施性，支付补偿时应适当减少其缴纳的补偿费用，调整系数为：

$$\delta_{pzi} = F_i / \overline{F}$$

受偿时，为进一步激励保护者的动力，改善贫困保护者的生活状态，受偿时补偿标准的调整系数为：

$$\delta_{pbi} = \overline{F} / F_i$$

当区域的综合评价得分高于流域平均得分时，说明该区域的经济发展水平较高，支付能力强，应承担更多的环保责任，所以不对其进行减量调整，支付补偿时按照原标准执行，受偿时也是接受理论标准数额。

**2. 依据 TOPSIS 理想点逼近方法确定调整系数**

测算出流域各区域贴近度，以所有区域贴近度的平均值为衡量指标，判断区域补受偿标准调整的方向。与主成分分析确定调整系数的方法类似：

当评价区域贴近度低于流域平均贴近度时，说明该区域经济发展排名靠后，低于流域平均水平，应考虑其支付能力，为此支付补偿的调整系数为：

$$\vartheta_{pzi} = E_i / \overline{E}$$

受偿时应多向该区域倾斜，辅助改善当地的生活水平，因此受偿时的调整系数为：

$$\vartheta_{pbi} = \overline{E} / E_i$$

当区域的贴近度数值大于流域平均值时，说明该区域经济发展排名靠前，属于流域中的经济发达地区，具备一定的支付能力，因此该类区域的补偿金额和受偿金额都是按照核算出的标准执行。

# 5.4  补偿标准的最终确定

在确定双向综合补偿数额的基础上，对流域各区域的补受偿金额进行调整。考虑到基于支付意愿和补偿意愿的调整主观性较大，支付意愿与受偿意愿容易出现两个极差，且不同区域的补受偿意愿存在偏差，难以达成一致，所以本书依据各区域的实际经济水平对补受偿标准做出调整，让生态补偿机制更加贴近生态与经济协同发展的需求。

为进一步增加对补受偿金额调整的科学性和精准性，本书以基于主成分分析法和 TOPSIS 法计算的补受偿调整系数的平均值作为最终的补受偿调整系数，结合理论的双向补偿标准，确定流域各区域最终的补受偿额。

补偿调整金额的核算：（1）对于经济发达地区，即区域的经济发展水平高于流域平均水平时，区域的筹资能力较强，可以按照原有的支付金额进行缴纳。（2）对于经济发展落后的贫穷区域，鉴于其有限的筹资能力，需要对其进行一定比例的调整，计算公式为：

$$M_{ti} = \varphi_{pzi} M_i = \frac{\delta_{pzi} + \vartheta_{pzi}}{2} M_i' \qquad (5-11)$$

受偿调整金额的核算：（1）对于经济发展较为发达的区域，社会基础较好，在对流域生态环境改善后，应享受到对应的受偿金额。（2）对于经济发展较为落后的区域，在对流域生态环境进行保护时需要付出更多代价、难度较大，为体现生态补偿的公平性和扶贫作用，应加大对其的补偿力度，有效激励其后续的环保工作。调整金额的计算公式为：

$$M_{ti} = \varphi_{pbi} M_i = \frac{\delta_{pbi} + \vartheta_{pbi}}{2} M_i' \qquad (5-12)$$

补偿标准的调整是为了保障生态补偿更好地贴近实际，符合实际需求与供给。因此调整是分阶段的，会根据地区经济发展的变化而有所不同，现阶段各区域面临的是高污染的生态环境和低水平的经济实力，因此我们采用上述的调整方式，在提高生态补偿机制可操作性的同时，侧重于激励利益主体自觉保护环境、减少污染。随着经济发展水平的不断提高和各区域发展差距的缩小，调整系数会逐步减小，最终的目标是按照甚至是高于核算的补受偿金额展开，增强生态补偿的保护激励与污染约束作用，促使生态补偿机制成为协调区域经济与生态平衡的重要手段。

## 5.5  本章小结

本章将保护性补偿与惩罚性补偿有效结合，去除衡量指标水质与水量的相互影响后，测算出流域各区域的双向补受偿额。在此基础上，从公平、效率的角度出发，根据各区域的经济发展水平高低对双向补受偿额做出调整，进一步精确生态补受偿标准。

以流域的平均发展水平为指标，将基于主成分分析法和 TOPSIS 法确定调整系数的平均值作为最终补受偿金额的调整系数。对于经济发展落后的区域，支付补偿时按照调整系数进行优化，保证起到惩罚作用的同时又不超出其承受能力范围，受偿时则通过调整系数加大原有的受偿金额，起到激励和改善生活的作用；对于经济发展水平较高的区域，由于自身的经济基础较好，补受偿金额都按照原有的标准进行开展。

　　补偿标准的调整是动态的，会根据区域的经济发展状况而不断做出变化。上述确定的补受偿调整系数适用于现阶段，即生态补偿初期。随着生态补偿开展的深入及人们生活水平的提高，会进一步增加对受偿者的激励，加大对污染破坏者的惩罚。

# 第6章 流域双向生态补偿模式优化

生态补偿模式是在明确利益主体和厘定补偿标准后，选择合适、高效的方式，解决好"怎么补"的问题。现有的补偿模式有多种，无论何种模式都离不开上级管理部门的参与，否则容易出现"上游不保护、下游不补偿"的生态治理困境。本书通过梳理划分上级部门参与生态补偿的不同程度，对现有的生态补偿模式进行探讨，提出逐级补偿的内涵，实现流域双向补偿模式的优化。

## 6.1 上级政府参与角度的现有生态补偿模式分析

上级部门参与补偿是目前生态补偿运行的主要特征。这里的上级是指比直接利益关系区域至少大一级的行政单位，主要包括上一级的行政单位和中央政府。如若以地市为直接利益主体，那么省政府及中央则为生态补偿中的上级部门。

### 6.1.1 上级政府参与生态补偿的必要性

（1）提高生态补偿效率。流域生态补偿是一种典型的卡尔多－希克斯改进，可提高流域整体的福利水平（常亮，2013）。上级政府直接根据流域生态的改善情况对各区域进行奖惩，避免了上下游漫长的谈判和纠纷的出现，能够提高生态补偿机制的运行效率。

（2）明确界定利益主体的权利与责任。产权的界定非常重要，是开展一切工作的前提，直接决定责权。流域水资源的准公共物品属性，更是体现了产权的重要性。上级政府可依靠行政力量，在流域所有权归属国家的基础上，从流域整体福利角度出发，准确界定流域水资源使用权，在短时间内明确各区域的权利和义务，为流域上下游的行为选择提供依据。

（3）防止出现补偿困境。上级政府的参与为生态补偿机制的实施提供了保障。流域中的上下游区域在协商时，可从自身利益最大角度出发，综合考虑自身的环境基础、水利、渔业、经济等因素，探讨制定出全面、合理、认同的补偿标准。此过程中，当出现信息不对称时，可通过上级政府协调解决，为生态保护者提供动力，对污染违约行为进行遏制，有效调动各区域参与的积极性，促进生态补偿工作的顺利开展。

## 6.1.2　上级政府参与生态补偿模式的基本特征

### 1. 实施主体

上级参与的生态补偿中，通常上级政府直接与流域中的各个区域进行补偿，属于上级对下级的补偿，内容主要体现为转移支付。实施主体为上级政府和流域中对应的下级政府。

当流域中的区域达到协议保护标准时，上级政府会给予相应补偿；当流域中的区域没有达到协议标准时，上级政府会对其进行相应的惩罚。流域中的各个区域单独与上级政府交易，彼此之间联系较少，这也是目前实践试点中的主要形式。特别是在省域内的流域生态补偿中，应用最为广泛。如福建闽江、九龙江，贵州清水江、陕西渭河流域、云南滇池等的流域生态补偿中都运用了该模式。

### 2. 运行逻辑

流域水资源和地理位置的特殊性，决定了生态补偿中上级参与的必要性。流域中的上下游地位不平等，存在优劣之分。通常上游为优势一方，掌握着水资源的数量和质量；下游为劣势一方，受到上游行为的限制。作为理性经济人，两者都会围绕自身利益最大化而采取行动，单纯地依靠上下游政府自觉执行，难以达成一致，易出现"补偿失灵"（卢祖国，2008）。信息获取不充分的下游会为躲避违约风险而拒绝与上游进行合作，导致生态补偿难以形成。在未制定好补偿程序的前提下，也会出现上游投入保护而下游以理应享受为由拒绝履约的漏洞。因此为保障流域生态补偿的顺利实施，需要上级政府的介入。

上级政府参与的生态补偿增强了补偿机制的权威性和稳定性。现阶段的生态补偿机制中需要上级政府参与毋庸置疑，但上级参与程度的多少、参与形式是可以优化的。目前的研究方向是尽可能减少上级直接参与的力度，减轻上级管理部门的负担，但不能完全消除。特别是在惩罚性补偿中，一旦缺少了上级参与，各区域的违约概率就会明显增加，导致补偿机制难以运行。或许随着流域生态环境的改善和环保意识的提高，生态补偿中上级政府的作用会逐渐减弱甚至直接退出，但在目前阶段，乃至未来很长一段时间内，上级政府参与生态补偿的运行十分必要，而力推、鼓励开展的横向生态补偿也是在上级参与调控的前提下进行的。

### 6.1.3　上级政府参与生态补偿的具体路径

上级政府参与是生态补偿机制落实的关键，具体的实施路径可分为以下四种：

**1. 无条件的纵向转移支付**

为鼓励流域利益主体积极改善生态环境，充分调动区域的主观能动性，上级政府向流域各区域拨付一定数目的资金，协助地方政府用于生态保护、污染治理等环保事业，弥补地方政府在该领域的财力不足，如退耕还林项目等。转移支付的对象主要为水源地。

该类转移支付主要起到激励作用，帮助解决流域各区域面临的生态保护与经济发展间的矛盾。通过改变上游区域的行为，从而改善更多流域地区的生态环境。但因后续的监管措施不到位，易出现转移支付资金被挪用的现象，流域生态环境改善不明显的问题。

**2. 基于奖惩的纵向转移支付**

依据制定的补偿标准，对保护行为显著的地区进行转移支付奖励，对污染贡献明显的区域征收相应的罚金。上级管理部门与流域中的每个区域分别对话，形成专门的组织机构和资金池，是现有研究中的主要模式。

基于奖惩的纵向转移支付模式对于利益主体简单明确的大型的流域尚可，但对于小流域缺乏普适性，这主要是由我国的行政体制所致。流域中涉及较多的管理部门，职权分散，错综复杂。如生态领域主要由环保部门负责，资金由财政部门管理，政策则由发改委决策。刚刚过去的"两会"中针对生态环境保护和修复将多个部门进行了合并，成立了生态环境部，可以在很大程度上解决流域生态"多头管理"的现状。但上级政府与各区域的补偿中，忽略了上游行为对下游生态的影响，会造成下游支付与自身行为不符的金额，补偿的科学性有待提高。

**3. 上级参与调节**

此模式是建立在流域各区域横向补偿的基础上，流域上下游通过自由协商，制定彼此都接受的生态补偿协议，实现互惠共生。上级政府部门则基于各区域的行为选择和实际经济情况，弥补超出区域支付能力的罚金，增强对贫困地区的补偿力度，在激励区域加强生态保护的同时兼顾公平与效率，强化了生态补偿中扶贫的副作用。

**4. 上级间接调控**

与上述 3 种直接参与的模式不同，该种模式属于间接参与。上级政府不直接参与补偿，而是通过运用行政权力，出台相应的政策进行规制，明确流域中各利益主体的地位，修正地方政府同级之间协商交易的缺陷。上级调控与上级干预也有区别，不是直接强制流域各区域在生态补偿中的所有事宜。调控的内容主要有：补受偿主体的界定、利益协调、纠纷裁判和运行监管等。

上级调控为流域同级区域之间的谈判博弈预留了空间，以"适度"为原则，预防和矫正流域生态补偿中的不合理因素，减少信息不对称的问题，营造公平氛围，有效遏制违约行为，保障生态补偿机制的高效实施。

## 6.2 流域生态逐级补偿

流域生态逐级补偿属于上级参与调节生态补偿的一种方式，更多侧重于上下游政府横向间的直接补偿。流域上下游在生态保护红线范围内，基于平等互利的基础，通过逐级的相互博弈，以较低的成本将生态外部性内部化，明确双方相应的权利和责任，确定补偿金的缴纳及补偿期限等。上级政府的参与主要体现在流域源头和末端区域的补偿。

## 6.2.1　逐级补偿的基本特征

流域生态逐级补偿是指流域中各区域交界断面间的补偿，与传统的横向补偿不同，流域生态逐级补偿是相邻区域间依次实现的逐个区间的补偿。

### 1. 实施主体

相关主体的确定是实施生态逐级补偿的前提和基础。流域中存在许多的利益主体，有直接关系利益的居民、企业，也有间接参与的社会团体、科研机构等。流域逐级补偿的实施主体为上下游政府。流域的上下游具有相对性，这里的上下游政府指的是相邻的两个上下游区域，对于流域源头和最下游缺乏相应的上游和下游的问题，由上级政府作为对应的上下游代为开展。

### 2. 实施方式

流域生态补偿的目的是改善生态环境，实现流域绿色发展。流域生态逐级补偿依据各区域的植树造林、退耕还林、疏通河道、废水处理、排污等行为，衡量各区域的生态环境保护贡献和污染耗用损失，然后与其相邻上下游开展生态补偿，实现外部性内部化。逐级补偿在具体实施中通常是基于公平原则，以交界断面处的水质水量为衡量指标，确定相邻区域的责任。当下泄的水质水量超过协议标准时，该区域要对其相邻下游进行补偿；当下泄的水质水量在协议标准之上时，该区域的保护行为会受到其相邻下游的补偿；当下泄的水质水量正好达标时，则该区域不补偿也不受偿。

流域生态逐级补偿中的相邻区域应该是相同的级别，如省与省、市与市之间等。对于同一区域，其下属的分区也可依据水体的流向实行逐级补偿（郭志建，2013），如流经的同一个省域中的不同地市、流经的同一地市中的不同县之间等。

## 6.2.2　逐级补偿的运行逻辑

流域双向生态补偿中，对于区域的生态保护或减少破坏行为要进行补偿，对于区域的污染或过度耗用行为要进行惩罚。水资源的流动性，致使流域中某一区域的行为会对其下游地区产生影响，其行为的外部性由下游共同享受或承担。因此，当该区域产生正外部性时，下游应该为免费享受到的效益支付费用，当该区域产生负外部性时，则需要为对下游造成的损失付出代价。

以行政区域为对象，流域中的同一区域会面临多个上游和下游。传统的生态补偿模式，常出现"一对多""多对多"的情况，核算过程复杂。此外，由于距离不同，区域对其多个下游地区造成的正向或负向影响程度也存有差异。如流域中存在 A、B、C 三个行政区域，当 A 采取某种生态行为时，其下游的 B、C 都会有所波及，各区域受到的影响程度难以准确度量，容易导致补偿的不合理现象产生，造成上下游间的利益纠纷。逐级补偿可帮助解决该问题，以相邻的上游代表所有的上游区域，以相邻的下游代表所有的下游区域，各区域分别与其相邻区域协商，以此类推，形成逐级补偿。具体流程如图 6-1 所示。流域生态逐级补偿将补偿转化为两个区域间的交易，简化了补偿步骤，降低了交易成本，对协调上下游间的生存发展具有重要促进作用。

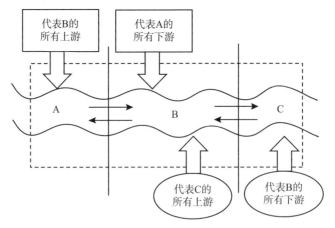

图 6-1　流域生态逐级补偿示意

### 6.2.3　流域生态逐级补偿的优势

流域生态逐级补偿是生态补偿的一种创新形式,其优越性主要体现在以下三个方面:

一是明确了补受偿主体。在以往的生态补偿中常存在利益主客体模糊的情况,生态补偿实施难度较大,易出现"搭便车"行为。逐级补偿是以单一的上下游作为补受偿对象,明确了区域的责任和权力,方便快捷,避免了"一对多""多对多"等复杂情况的发生。流域各区域的职责得到落实,易被利益主体接受和实施,可有效调动各区域采取生态保护的积极性和主动性。

二是降低了交易成本。生态补偿中的交易成本是影响生态补偿效率的关键因素(付华,2017)。降低交易成本、简化补偿步骤是生态逐级补偿的主要特色。在相邻区域间逐级开展补偿,避免了多个利益主体间的繁杂计算,有效协调了上下游间的利益,这也是市场化补偿的一种趋势。

三是增强了补偿标准的精准化。以水质指标为例,假设流域中存在A、B、C三个区域,各区域的协议水质为IV类水,目前区域A的水质为II类水,区域B的水质为III类水,区域C的水质为IV类水。按照以往的补偿方式,区域B的水质没有超标,应该对其进行补偿。但实际中B高于标准的水质中有上游A的影响。区域B将流入的II类水降为流出时的III类水,非但没有进行保护反而恶化了水质,其没有超出标准水质的主要贡献是来自于区域A的影响,区域B应受到惩罚。逐级补偿中将各区域的实际行为进行了很好的展现。在逐级补偿制度下,区域B在获得下游C的补偿同时还要对上游A进行补偿,综合受偿和补偿金额后,实际为需要支出状态,实现了补偿标准的精准化。

## 6.3　双向生态补偿模式的选择

综合上述分析,本书中主要采用生态逐级补偿模式,通过相邻区域间的逐级补偿,有效去除上游行为对本区域补偿金额的影响,科学厘定各区域的综合行为贡献。此外，第 5 章结合经济发展水平对各区域的补偿和受偿结果进行调整后，逐级补偿模式的应用会造成部分相邻区域间补偿数额与受偿数额的不对等，此时需要上级政府部门的调控。举例为证，假设双向生态补偿中上游 A 的受偿金额为 a，依据经济状况调整后变为 b(b>a)，相邻下游 B 向其支付。未调整时下游 B 向上游 A 支付其享受到的外溢效益 a，上游接受相应金额，双方利益对等；经调整后上游 A 的受偿金额增大，但下游 B 享受到的外溢效益并没有增加，若由 B 支付多余的金额（b−a），对下游 B 来说存在不公平现象。同时为实现对上游 A 的倾斜，调整后多余的补偿资金应由上级政府代为支付，以协调好上下游间的利益，保障双向生态补偿的高效运行。具体运作流程如图 6−2 所示。

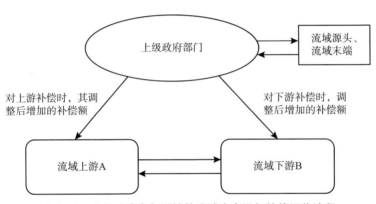

**图 6−2　上级政府参与调控的流域生态逐级补偿运作流程**

流域生态的改善，不仅使流域上下游受益，对整个社会来说也意义重大。作为生态文明建设的组成部分，优良的水质和充足的水量，增加了更多的社会经济价值，因此如图 6−2 所示，就某个具体流域而言，在上游 A 因综合负外部性需要补偿下游 B，或因正外部性受到下游 B 的补偿中，当补偿金额小于受偿区的受偿金额时，不足部分由上级政府补足。流域源头和流域最末端需要与相应的上下游补偿时，则直接与上级政府进行核算。上级参与调控下的流域生态逐级补偿模式既厘清了各区域的环保责任，又实现了向贫困地区的倾斜，有利于双向补偿机制的长效发展。

# 6.4　本章小结

　　上级参与的生态补偿是指上级政府介入到生态补偿中，成为生态补偿的资金提供者或监督者，具体包括无条件转移支付、基于奖惩的转移支付、上级参与调节和间接调控等多种路径。逐级补偿是流域上下游相邻区域间进行的补偿，该补偿模式将繁多的利益主体简化为相邻上下游利益主体间的交易，简化了补偿流程，降低了交易成本。

　　现阶段，由于流域内存在利益不协调、信息不对称等问题，上下游难以自发达成生态补偿协议，需要上级政府的参与实施。本书提出双向补偿中采用上级管理部门负责监管调控下进行的逐级补偿模式，以实现补偿模式的优化。该模式下以流域相邻上下游的补偿为主，上级政府主要负责对调整后增加的补偿金额进行补足，同时担任流域源头和与末端区域的补偿对象。

# 第7章 流域双向生态补偿资金的运作分析

流域双向生态补偿的内容，具体包括实物补偿、资金补偿、技术补偿、政策补偿和智力补偿等。资金补偿因其直观、灵活和执行方便的特点成为主要补偿形式。补偿资金主要用于弥补保护成本，激励流域生态保护行为，同时抑制生态污染和破坏行为，促进流域生态与经济社会的协调发展。明确补偿资金的来源、做好补偿资金的使用和管理成为流域生态补偿的重要部分，可为双向补偿机制的顺利运行提供保障。

## 7.1 生态补偿资金的筹集

资金补偿是双向生态补偿的主要工具。美国纽约的清洁供水交易、厄瓜多尔的水资源保护基金、我国的森林生态补偿等都是利用补偿资金来开展的生态补偿。我国若想实现生态补偿机制的长效运行，离不开资金的支持。现有的研究和实践尽管也在积极探索其他形式，但资金补偿仍是主导。生态补偿资金的筹措可从主体性质和层级两个角度进行探讨。

### 7.1.1 补偿资金来源的主体分析

从主体性质上看，补偿资金的来源可分为政府财政资金和社会资本两个部分。

#### 7.1.1.1 政府财政资金

政府财政资金是目前我国生态补偿实践的主要资金来源，其资金规模和范围都位居世界前列。据统计，2011～2016 年我国投入的生态补偿补偿资金从 1102 亿元增长至 1800 亿元（靳乐山，2016），其中政府财政资金高达 99%。补偿范围也从起初的森林向流域、草原、农田等领域扩展。

政府财政资金的主要表现为政府转移支付，具体由三部分组成：一是上级政府对下级进行的转移支付，即纵向转移支付。纵向转移支付主要是中央或上级政府的财政资金，是为改善生态环境、填补生态保护资金缺口，上级政府向其下级政府拨付的预算，主要用于生态保护和生态修复。2015 年各类生态补偿资金中，中央政府的转移支付为 1412.56 亿元，占补偿资金总额的 89.8%（靳乐山，2016）。由于上级政府的参与，纵向转移支付具有一定的强制性和权威性。二是生态收益地区向生态保护地区的转移支付，即横向转移支付。横向转移支付是流域内两个区际政府之间的转移支付，享受效益外溢区域向采取正外部性行为的区域补偿，不需要上级政府的参与。相比于纵向转移支付，横向转移支付灵活性更强。三是混合转移支付，即纵向转移支付与横向转移支付的结合。混合的转移支付中的资金既有上级政府纵向拨付的钱，也有同级政府之间补偿的资金。为提高混合转移支付的运行效率，应出台高层面的文件对不同方向财政资金的使用、依据等做出详细规定，为混合转移支付更好地发挥作用提供保障。该类转移支付的组合是实践补偿资金的重要来源，且取得良好效果（谢慧明，2016）。

除转移支付外，政府财政资金还可以通过征收环境税费、发行国债等方式增加政府财政在生态补偿资金来源构成中的比重。

环境税费是"庇古思想"具体体现。水资源作为一种有限、稀缺的资源，应受到人们的珍视。已有的排污费、水资源费等费用征收时存在标准较低、计量不规范等问题，生态负外部性行为的抑制不明显，利益主体的缴费积极性不高，常出现拖延缴费甚至不缴费的现象。不规范的收费不但影响了政府的财政收入，还造成居民环保意识薄弱，资源浪费现象严重。环境税的征收方面，我们尚处于起步阶段。2018 年 1 月 1 日我国首部体现绿色税制的法律《中华人民共和国环境保护税法》的实施为水域相关税的征收提供了依据和保障。目前水资源税的征收已在全国 10 个省（区、市）开始执行。为更好地增加国家财政资金和增强人们的环保意识，应设计合理的税费标准，统一计量路径，规范征缴流程，实行差别化税率，不断完善环境税征收体系。

发行国债。通过发行国债的方式增加财政资金比重，体现了代际公平。流域生态环境保护的正外部性不仅具有空间上的外溢性，还具有时间上的外溢性。后代人也会因当代人生态环境的改善而受益。发行国债可以让后代人承担部分保护责任，体现了公平性。不仅可以缓解当代生态环境保护投入能力不足的现状，还可以协调当代与后代人在生态资源方面的代际均衡。此外，随着经济的发展和人民环保意识的不断提高，后代政府有能力、有意愿还清债务。对于地方政府来说，也可以通过发行地方债务来增加财政收入在生态补偿资金中的占比。相比于国债而言，地方债务更能从当地实际情况出发，体现居民需求，且地方居民对当地政府的依赖性较强，发行效率会更高。

### 7.1.1.2　社会资本

社会资本是基于生态系统服务价值或保护成本，具有市场交易性质的社会公众参与的投资与支付（秦玉才，2013）。

**1. 社会资本参与的必要性**

政府财政资金是生态补偿资金的主要来源，简单易行且能够快速发挥作用。但仅仅依靠政府的投入，不具有可持续性。特别是随着生态补偿的不断完善和发展，补偿领域的多样性、补偿内容的全面性需要更多的资金支持，现有的政府财政已难以满足生态保护需求，补偿标准低下，补偿资金缺口日益明显。如 2017 年我国退耕还林的补偿标准为 1600 元/亩，虽然与上一轮 2014 年实行的 1500 元/亩相比，种苗造林费用有所增加，但该补偿金额是分 3 次分别在第一年、第三年和第五年下达，补偿标准远低于种植产生的经济效益。现行的生态公益林的补偿标准为 100 元/亩，低于管护成本和经营商品林的收入，特别是南方地区，近年来竹木的价格迅速上涨，人们种植公益林的态度更加消极。较低的补偿标准难以弥补利益相关者的损失，人们更多倾向于选择原本的生产生活方式，影响了参与生态补偿的积极性，造成"补偿失灵"。此外，政府财政资金在拨付时，易出现补偿不到位、期限长的问题，严重影响生态补偿效果。为更好带动居民的参与性，有效发挥生态补偿机制的作用，需要居民的参与，丰富生态补偿资金。

近年来，国家层面也是大力支持社会资本参与到生态补偿中，多次出台相关政策鼓励社会资本的加入。党的十九大报告中明确指出要发展市场化、多元化的生态补偿。学术界对市场化的补偿进行了大量研究，并呼吁社会资本的支持。但生态补偿领域多为公共物品的属性，导致社会资本的参与度较弱。2011～2016年，生态补偿资金的比例构成中，每年社会资本的占比不足1%。从资金数量趋势上看，并没有明显增势。

具体到流域生态补偿领域，现已有20多个省（区、市）推行了补偿试点，但资金来源主要为政府，具体包括纵向转移支付和地方政府资金配套，资金来源单一。如全国第一例跨省的新安江流域生态补偿中，第一轮和第二轮的生态补偿资金总额分别为15亿元和21亿元，都是出自中央政府和安徽、浙江两省的财政。面对日益增多的流域生态保护资金需求和机会成本，单纯地依靠政府投入难以为继，需要社会资本加入，减轻政府财政压力，增强补偿资金的灵活性。

社会资本参与的优越性可以体现为两个方面：一方面是生态补偿中政府财政资金之外的有利补充。带动居民参与，可解决补偿中的资金困境，更好地彰显核心利益主体的意愿和重要性，促使生态补偿机制从实际出发，提高补偿效率。另一方面，社会资本参与符合生态补偿机制未来的发展趋势，涉及更多的相关利益主体，实现补偿资金来源的多元化，与我国的生态建设要求相吻合。

**2. 社会资本的参与路径**

关于生态补偿引入社会资本的呼吁由来已久，但多停留在建议层面，对社会资本具体参与路径的研究尚处于初期阶段。结合相关学者的研究和国内外的具体实践，补偿资金来源中的社会资本主要体现在以下两个方面：

（1）直接利益主体的市场交易。

这里的社会资本主要是指市场企业、公众等直接利益相关者的资本参与。

政府财政作为补偿资金来源，除了其相关利益受到影响外，更多是充当了利益主体的角色。随着人们环保意识的不断提高，可利用市场手段，通过相关利益主体间的协商交易，实现生态系统服务需求者与提供者之间的自由买卖，以此增加补偿资金来源，并且让更多的居民、企业等参与其中，具体途径有排污权交易等。

排污权补偿是通过构建交易市场，利用直接利益主体间的自由交易来实现生态补偿。排污权交易补偿是以流域污染物排放量作为交易指标，在流域生态环境的可承载力范围内，依据一定的标准和各区域的生产现状对流域各区域分配初始排污权，通过对污染区减排量的售卖带动社会资本参与其中，丰富生态补偿资金的构成要素。依据水体流向和污染影响的单向性，排污权交易主要在流域上下游之间进行，其中流域上游的企业为排污权的卖方，流域下游企业、居民为排污权的买方。上游在免费获得一定额度的排污权后，通过技术改进、提高资源利用效率等方式降低自身的排污量，然后按照实际的减排量与下游相关企业、机构进行交易。肖加元（2016）通过分析排污权交易的内在动因，对排污权在流域生态补偿中的运行原理做出了解释。研究结果表明：单位排污量与环境收益呈非线性关系，单位排污量所处的整体排污额度越小，上下游获得的环境收益越大。因此上游有动力推行减排生产方式、减少排放量，下游也有较强意愿进行购买。应用于流域生态补偿中，排污权交易以相关企业、机构为主体，利用社会资本实现了对流域生态做出贡献的上游区域的补偿，也为流域的清洁生产和优良环境质量维护提供了资金支持。

（2）流域生态补偿基金。

除利益相关者之间的购买或交易，生态补偿资金中的社会资本还体现为具有公益性质的相关环保基金，与现有的森林补偿基金类似，可称为专门的流域生态补偿基金。流域生态补偿基金是由政府或环保组织牵头，通过公开募集的方式来获取补偿资金，主要来自社会团体、国内外组织机构的捐款或个人的自发捐助。

流域生态补偿基金的作为补偿资金的来源之一，主要应用于对流域生态保护做出贡献或牺牲的利益主体。可成立专门的流域生态委员会进行基金的管理运作，按照相应的标准进行支出，做好补偿基金的管理与评估。补偿基金的具体应用，做到及时公告公示，增强补偿信息的透明度，提高补偿基金的应用效率。

社会资本是生态补偿资金来源的重要补充，现有环境水平下，在坚持政府财政资金为主的前提下，应积极引导社会资本的投入，探索补偿资金来源的新方式，带动更多居民的参与，增强补偿资金的长效性。

## 7.1.2 补偿资金筹集模型构建

流域生态补偿资金的具体筹集按照层级开展，是对补偿资金来源的细化。以流域双向生态补偿中需要支付的区域为研究对象，建立补偿流域段内各区际间的资金筹集模型，有利于明确各利益主体应担负的责任。对此，本书分为两个层次构建补偿资金筹集模型。

**1. 一级补偿资金筹集——区域内各区县的资金**

根据第 4、第 5 章的论述，可计量出流域区域应支付给受损方和保护方的补偿金额。流域各区域内的一级补偿资金筹集就是在各区县之间筹集资金作为地方政府的支付额。需要支付补偿的地方区域对流域生态造成的负向影响，是由河道流经该区域内所有区县共同作用的结果，需要各区县共同承担责任。根据一定的衡量标准，计算各区县的分摊比例，进而确定各区县应上缴的份额。出资额的大小取决于各区县对流域生态造成的负外部效应。从公平的角度出发，可以从污染贡献程度、资源禀赋度和经济发展水平三个方面考察各区县对流域生态造成的破坏程度。

（1）污染贡献程度。

污染贡献程度就是各区县对流域生态环境造成污染的作用大小。流域中涉及的因素较多，计量复杂，且部分资料数据存有漏缺。流域水体中的污染物包含耗氧有机物、有毒有机物和重金属等多个种类，《地表水环境质量标准》（GB 3838 - 2002）中关于生活用水水源地的污染检测指标高达 40 项。每种污染物对应的利益主体行为各不相同且相互重叠，即利益主体的一种行为可能会产生多种污染物，同一种污染物可能在多种负外部性行为中都有所体现。实际中，我们无法准确计量和评判利益主体的每种行为对流域水质水量造成的负外部性影响。为简化计算过程又尽可能地保留主要污染信息，本书选择各区县的污水排放量、化肥施用量、农药施用量和垃圾处理量作为衡量指标，根据点源和面源污染两方面的污染物排放行为表示各区县对流域生态的污染贡献度。区县污染贡献程度的计算公式为：

$$P_i = \lambda_p \times \frac{T_{wi}}{\sum\limits_{i=1}^{n} T_{wi}} + \lambda_h \times \frac{T_{hi}}{\sum\limits_{i=1}^{n} T_{hi}} + \lambda_n \times \frac{T_{ni}}{\sum\limits_{i=1}^{n} T_{ni}} + \lambda_l \times \frac{T_{li}}{\sum\limits_{i=1}^{n} T_{li}}$$

$$(7-1)$$

式（7-1）中，$T_{wi}$、$T_{hi}$、$T_{ni}$ 和 $T_{li}$ 分别为第 i 个区县的污水排放量、化肥施用量、农药施用量和垃圾处理量，$\lambda_p$、$\lambda_h$、$\lambda_n$ 和 $\lambda_l$ 为各衡量指标对应的权重，n 为支付区域内参与流域生态补偿资金筹集的区县数量。

（2）资源禀赋度。

资源禀赋度是指支付区域内各区县现有的流域生态资源状况，是各区县资源拥有量的相对丰裕程度，属于各区县资源的客观基础条件。资源禀赋度直接影响各区县主体的行为贡献。通常流域生态资源丰富的区县，享受到的资源较多，应承担更多的保护责任；流域资源匮乏的区县，享受的资源较少，保护责任相对较小。这里我们用区域各区县内流域的河道长度表示该区县拥有流域生态资源量的多少。具体的计算公式为：

$$Z_i = \frac{L_i}{\sum\limits_{i=1}^{n} L_i} \qquad (7-2)$$

其中，$Z_i$ 表示区域中第 i 个区县的资源禀赋度；$L_i$ 为区域中第 i 个区县内的河道长度，用来表征区县内的流域生态资源量。其他符号意义同上。

（3）经济发展水平。

同第 5 章中探讨的流域各区域之间的补偿类似，区域内部对各区县的补偿资金征收时也应考虑到当地实际经济发展水平，根据各区县的支付能力大小实行差异化的筹集。经济发展水平高的区县，资源的利用量大，对流域生态应承担较大地保护责任；经济发展水平低的区县，补偿资金的可支付能力较弱，资金筹集时应控制在区县的可支付范围内。

为简化计量过程，本书选取代表性的人均 GDP 作为各区县经济发展水平的象征。具体的计算公式为：

$$G_i = \frac{\overline{GDP_i}}{\sum\limits_{i=1}^{n} \overline{GDP_i}} \qquad (7-3)$$

式（7-3）中，$\overline{GDP_i}$表示第 i 个区县的人均 GDP。其他符号意义同上。

（4）一级补偿资金筹集模型。

从上述三个方面构建指标评价体系，结合对应的实际数据，确定区域内部各区县之间的资金筹集比例。其中，污染贡献度、资源禀赋度和经济发展水平是对区县不同层面的反映，分别从人为、客观和实际角度评价了区域各区县在流域生态负外部性上应承担的责任。各区县应上缴的支付资金的计算公式为：

$$H_i = M \cdot \frac{V_{ei}}{\sum\limits_{i=1}^{n} V_{ei}} \quad (7-4)$$

$$V_{ei} = \alpha_{pi} P_i + \alpha_{zi} Z_i + \alpha_{gi} G_i \quad (7-5)$$

其中，$H_i$ 表示区域内各区县应征缴的补偿资金额度，M 为流域补偿区域的补偿资金，$V_{ei}$ 为区县应征缴补偿资金额的综合评价值，$\alpha_{pi}$、$\alpha_{zi}$ 和 $\alpha_{gi}$ 分别为污染贡献度、资源禀赋度和经济发展水平所占权重。其他符号意义同上。

### 2. 二级补偿资金筹集——各区县政府、企业和居民的资金

二级补偿资金筹集就是研究如何从具体的行为主体中征缴资金来作为区域地方政府的支付金额。这里的行为主体主要是指各区县的企业、居民和政府等。他们作为直接的流域生态污染行为的行使者，应当为自身的负外部性行为付出代价。支付的资金要与其对流域生态造成的损失相对等，以对各利益主体的污染行为起到惩戒、抑制作用。

流域中居民、企业的行为差异较大，会对流域生态环境造成不同方面的破坏和负面影响。居民层面主要体现为：日常生活用水的浪费、随意倾倒生活垃圾和为提高农作物产量，超标使用农药化肥等。企业层面：不规范的排污和能耗高的项目都会在一定程度上恶化流域生态。除去居民和企业生产生活行为的影响，流域中还有一些具有公共物品属性、不好界定利益主体的负外部性应由政府和机关单位承担。如没有及时进行污染控制和河道治理等。政府在污染补偿中涉及的因素较多，难以准确计量，因此其承担的补偿资金数额由居民、企业的支付额与总补偿额间的差值决定。接下来主要讨论居民和企业两类直接利益主体的补偿金额征缴比例。

为准确地厘定各区县内居民、企业应支付的补偿金额，结合各利益主体的实际行为表现，本书从利益主体污染贡献度和地理位置远近两个方面计量企业、居民应分摊的补偿资金额度。

（1）污染贡献度。

污染贡献度可以根据各利益主体对流域污染物排放量的大小进行计量。流域中的主要污染物通常为 COD 和氨氮。流域中的污染物不是简单地单独排放，而是在多种污染行为中都有所体现，因此，对于企业而言，可以通过监测其排污量和浓度推算出污染物的排放量。对于居民而言，其污染类型多属于面源污染，难以直接计量排放的污染物总量和准确界定每一位排污居民。这里选取农药、化肥的使用量和生活污水的排放总量，结合对应浓度，确定居民应担负的责任。

流域中企业、居民污染贡献的计算公式为：

$$G_q = M_{CODq} + M_{NH_3-Nq} = \sum_{j=1}^{m} Q_{qj}P_{CODj} + \sum_{j=1}^{m} Q_{qj}P_{NH_3-Nj} \qquad (7-6)$$

$$G_j = M_{CODj} + M_{NH_3-Nj} \qquad (7-7)$$

式（7-6）、式（7-7）中，$G_q$ 表示企业对流域生态的污染贡献，$G_j$ 表示居民对流域生态的污染贡献。$M_{CODq}$、$M_{CODj}$ 分别表示企业和居民的 COD 的排放量；$M_{NH_3-Nq}$、$M_{NH_3-Nj}$ 分别表示企业和居民的氨氮排放量。$Q_{qj}$ 为第 j 家企业的污水排放量，$P_{CODj}$、$P_{NH_3-Nj}$ 分别为第 j 家企业的污水中 COD 和氨氮的浓度。

（2）地理位置远近。

同等排污水平下，各利益主体距离流域的地理位置远近会对其污染力度产生影响。距离河道越近，污染作用越强；反之，则会被弱化。企业排污对河道造成的污染分为两种情况：一种为通过管道的地表直排污染；另一种是通过地下水的渗透污染。对于前一种情况，不需要考虑地理位置的远近，完全按照排污量支付补偿资金；对于后一种情况，则需要考虑地理位置的影响。居民的排污行为通常在当地发生，需要考虑地理位置的影响。

这里，我们将距河道的距离分为 3 个等次分别赋予不同的权重，其中，以河道为起点，方圆 5 千米范围内居民、企业的污染贡献度按照原有数值计量，R = 1；方圆 5～10 千米范围内居民、企业的污染贡献度取原值的 80%，R = 0.8；方圆 10～15 千米范围内居民、企业的污染贡献度取原值的 50%，R = 0.5。

（3）二级补偿资金筹集模型。

为更好地体现公平，二级补偿资金筹集过程中，不仅要考虑企业、居民等利益主体对流域生态环境的污染贡献，还要根据距离河流空间位置的远近进行调整。结合相应的排污处罚标准，二级补偿资金筹集中企业、居民和当地政府的补偿筹资公式具体为：

$$F_q = \sum_{i=1}^{n} (M_{CODqi}S_{COD} + M_{CODqi}S_{COD}) \cdot R_{qi} \qquad (7-8)$$

$$F_j = \sum_{k=1}^{m} (M_{CODj}S_{COD} + M_{NH3-Nj}S_{NH3-N}) \cdot R_k \qquad (7-9)$$

$$F_p = H - F_q - F_j \qquad (7-10)$$

式（7-8）~式（7-10）中，$F_q$ 为各企业应支付的补偿金额；$F_j$ 为每个居民应支付的补偿金额；$F_p$ 表示地方政府应承担的补偿金额；H 表示区县应上缴的补偿资金总额；$S_{COD}$、$S_{NH3-N}$ 分别为单位 COD 和单位氨氮的处理费用；k 表示为各区县的居民人数。$R_{cj}$ 与 $R_k$ 类似，表示各利益主体与河道的距离对其污染行为效果的影响度，其中当距离 $s \leq 5$ 时，$R_{cj}(R_k) = 1$；当 $5 < s \leq 10$ 时，$R_{cj}(R_k) = 0.8$；当 $10 < s \leq 15$ 时，$R_{cj}(R_k) = 0.5$。

需要说明的是，企业因为可以监测具体的污水排放量及排放浓度，因此资金的收缴是逐个进行的，可明确界定每一家企业应承担的污染责任。地方政府的支付责任中包含了较多的影响因素，难以精准衡量，为此承担去除企业和居民支付额后的所有补偿资金。居民的补偿金额核算时，因无法准确计量每个居民的污染行为，因此这里选用了平摊的方式。具体形式可以通过增加水费等方式来进行筹集。

# 7.2 流域生态补偿资金的分配

在明确补偿标准的基础上，做好补偿资金的分配瞄准，直接关系到流域利益主体的利益公平和补偿效果。这里的资金分配主要是研究流域各区域得到补偿资金后具体的使用下发情况，是对现有区际间补偿资金分配的细分，可进一步增强流域生态补偿机制的可操作性。

## 7.2.1 流域生态补偿资金分配的原则

（1）保护贡献分配原则。流域中的利益主体为保护流域生态、保障流域生态维持在一定水平，付出了劳动、投入了资本、牺牲了自身的发展机会。补偿资金是对流域生态环境改善做出正向贡献的利益主体的补偿，弥补机会成本的同时起到激励作用。补偿资金在具体的分配时则应根据流域各利益主体的保护贡献，针对性地实行差别化分配。在流域生态保护中投入多、牺牲大的利益主体应分配较多的金额；投入少、牺牲小的利益主体则补偿金的分配量相应较少。根据保护贡献大小进行补偿资金的分配，可实现流域内各利益主体保护投入与报酬补偿的对等，避免了"一刀切"的不合理现象，明确了保护贡献与金额分配间的关系，体现了补偿资金分配的公平与公正。此外，还可以激励保护者加大对流域生态的保护力度，带动更多的利益主体参与其中，促进流域生态环境质量的不断改善。

（2）生态优先原则。流域生态补偿的依据主要为生态环境质量的改善程度。这也是流域生态补偿的初始目标，即改善现有的污染状态，保障流域生态维持在高质量水平。因此在补偿资金分配过程中，应坚持生态优先原则，根据实际生态环境质量的好坏确定资金分配额的多少，将有限的补偿资金优先分配给生态环境质量良好的区域。此外，生态环境基础好、生态服务价值大和生态资源存量多的地区，如重点生态功能区，为区域乃至整个流域生态环境质量的维护发挥了重要作用，其正外部性的效益让无数人享受到了优质的生态服务。补偿资金的分配应向该类生态基础好的区域倾斜，为该区域今后的生态维持和生态系统服务价值保障提供支持。

（3）层级分配原则。流域各区域内部存有多个层级，每个层级又包含多个利益主体。补偿资金分配时难以"一步到位"，准确界定每个利益主体的保护行为存在较大难度，因此需要逐级进行。层级分配就是按照先政府代表后具体主体的顺序，将补偿资金先以行政单位为对象，分配至区域下属的县、乡镇一级，随后再在居民、企业和政府等直接利益主体间进行分配。层级分配有助于受偿主体的快速界定，提高了资金分配的准确性和高效性。

（4）空间距离优先原则。补偿资金分配时的空间距离优先是指优先补偿距离河流地理位置近的各类利益主体。利益主体距河流地理位置的远近直接影响其对流域生态的保护效果。同等保护投入中，距离河流位置近的利益主体，其保护效果最显著；距离河流位置较远的利益主体，其保护效益对流域生态环境的改善影响会存在折损。因此补偿资金分配时应根据地理位置远近，优先补偿距河流空间地理位置较近的核心保护主体，重点支持河道周边领域清洁产业的发展和生态技术的研发。

## 7.2.2  流域生态补偿资金分配的条件性

流域生态补偿资金分配是对提供了流域生态系统服务、遵守了流域生态保护协议或生态环境治理管理规定等利益主体的资金配置（Wunder，2015）。生态补偿资金分配需要满足一定的条件，才能执行。如果缺乏条件性，资金分配则没有意义，无法体现出生态保护者的特殊贡献。流域生态补偿资金分配的条件性在一定程度上可以看成是资金分配过程中需要遵循的约束条件。

流域生态补偿资金分配的条件性可从三方面进行分析：一是分配对象的条件性；二是分配总量的条件性；三是分配模式的条件性。

流域受偿区域中不是所有下属利益主体都是生态保护者，有些利益主体并没有参与，甚至对流域生态造成了破坏。补偿资金分配的对象必须是对流域生态环境保护做出贡献，对流域生态系统服务增值或良好环境维护做出努力的利益主体，具体包括政府、企业和居民等。资金分配的对象需要进行准确识别，否则会造成资金分配的不公平，弱化补偿的激励作用，甚至对生态保护者产生"逆向激励"。此外，考虑到资金分配的效率与合理性，在满足分配条件的前提下尽可能与扶贫减贫相结合，相同标准下向贫困户重点倾斜。

流域生态补偿资金是在补偿资金总量的范畴下进行合理分配，各利益主体的资金分配额不能超过总补偿额。补偿资金分配应在可得的总补偿额度基础上，依据保护贡献大小、保护投入量、地理位置等标准，厘定好受偿区域内各利益主体的资金分配数量。

补偿资金的分配模式可分为核算模式和协商模式两种（中国生态补偿课题组，2007）。其中，核算模式就是依据投入成本、机会损失等对各利益主体进行资金分割，协商模式就是保护者与补偿资金发放者间通过自由谈判的方式确定资金分割比例，但易出现"纳什困境"。我国目前多是基于核算模式，通过行政命令的方式进行补偿资金分配。因此在补偿资金分配模式的研究上，学者们主要围绕核算标准进行分析，力求通过分配标准研究来确定最科学合理的资金分配方式。学者们从生态系统服务提供量、保护成本、机会成本和经济发展水平等角度，将受偿区域分为5个层级进行补偿资金的分配（戴其文，2010；郭慧敏，2015；朱九龙，2017）。还有学者选取耕地面积、经济水平等8个指标构建指标评价体系，将受偿区域下属各区县的综合评价分数作为资金分配的依据。并通过与原有单一指标的分配结果对比，验证依据综合指标进行资金分配的合理性（周小平，2016）。上述资金分配标准都具有一定的合理性，在补偿资金总额充足的情况下，都能从不同视角体现出分配的科学性，但在补偿资金不充足的情况下，需要找出最高效、公正的标准作为补偿资金分配的依据。

现有的补偿资金多是建立在保护成本的核算基础上，补偿数额较低，难以完全满足各保护主体的受偿意愿，也难以弥补所有保护主体的经济投入和损失。因此需要做好补偿资金分配的瞄准功能，确定高效、公正的资金分配路径，并能够根据实际变化及时做出调整，提高补偿资金的利用效率。

### 7.2.3 补偿资金分配的层级瞄准

补偿资金的筹集与分配可以看成是资金使用的两个方面，相比于补偿资金筹集的"怎么来"，资金分配主要解决"怎么分"的问题。与补偿资金筹集类似，资金分配需要做好瞄准与识别，可以从层级间的空间选择方面进行开展。

流域内不同地区提供的生态服务价值、生态资源基础等存有差异。采用同一种标准衡量保护贡献，确定各区域的资金分配优先级，可能会降低资金补偿的准确度。鉴于此，本书在进行生态补偿资金瞄准时，将资金分配分为2个层级模式，逐次确定补偿优先次序和补偿额度。补偿资金分配层级间的空间瞄准具体为：一级资金分配——受偿区域内各区县间的资金分割；二级资金分配——居民、企业和政府间的分割。

**1. 一级补偿资金分配瞄准**

一级补偿资金分配瞄准就是将补偿资金在受偿区域下辖的各区县间进行空间选择的分配瞄准，这也是现有资金分配研究的常用单位。

在有限的补偿资金下，如何选择科学的分配依据、准确评估各区域的生态贡献是补偿资金分配空间选择的关键问题。纵观现有研究，资金分配的空间选择依据由原有的"保护成本""效益"和"效益成本比"逐步向"多指标"的瞄准方向演进（孔德帅，2016）。"保护成本"是指对生态环境保护和维护中的经济投入和经济损失，具体包括直接投入成本和机会成本。"效益"主要是指增加的生态系统服务价值，是从结果的角度来评价各区县的保护贡献。单以"保护成本"或"效益"为依据进行资金的下划，应用中具有一定的局限性。"效益成本比"是以比例的方式，综合了生态投入和服务价值，相比于单一的指标，依据该比例进行资金分配更加科学。但对于一些生态脆弱且在国家生态安全中担任重要角色的地区，必须要投入大量的保护资本，但生态增值不一定特别突出，如三江源地区等，对于该类地区，"效益成本比"确定的资金分配优先度就存在一定的不合理性。从生态补偿的目标出发，良好的生态环境、高价值的生态系统服务应该作为补偿资金分配的主要指标。但生态系统服务价值计量繁杂，数据可获取难度大且存有一定争议。这里我们研究资金分配的重要前提是受偿区域内的资金具体分配，说明该区域之所以能够获得受偿，是已体现出了相应的服务价值，各区县间的资金分配需更多地注重经济投入和损失，激励更多保护者的参与。

结合上述分析，在涉及各县市补偿资金的空间选择时，本书以成本为基础，综合各区县的经济和资源差异，从生态保护贡献、生态保护牺牲、经济水平和资源禀赋四个方面，选取指标，计算综合评价得分，确定各区县的补偿资金分配额和优先度。其中，综合评价得分越高，补偿金分配比例越大，越优先享受补偿。

（1）生态保护贡献。

生态保护贡献主要是从成果的角度来对各县市进行的瞄准，是指各县市在流域生态保护中的各县市发挥的作用大小。根据第4章的论述，保护性补偿标准测算中，我们以水质水量为指标，确定受偿区域和受偿资金额度。作为受偿区域内区县的主要保护贡献应当是净化了水质或增加了水量，为达到这两种效果，减少排污是各区县采取的代表性行为。因此我们以排污量的减少作为衡量指标，计算各区县对流域生态的保护贡献。其中，污染物的种类较多，根据流域污染的特征和政府的排污计划，为同上述研究一致，简化计算，选取 COD 和氨氮作为主要排污指标。

体现各区县对流域生态保护贡献的两大指标采取同等权重，评价各区县的保护贡献的计算公式为：

$$D_j = \lambda_{COD} \times \frac{W_{CODj}}{\sum\limits_{j=1}^{m} W_{CODj}} + \lambda_{NH3-N} \times \frac{W_{NH3-Nj}}{\sum\limits_{j=1}^{m} W_{NH3-Nj}} \quad (7-11)$$

式（7-11）中，$D_j$ 表示各区县对流域生态的保护贡献；$W_{CODj}$ 表示各区县比上一年减少的 COD 排放量；$W_{NH3-Nj}$ 表示各区县减少的氨氮排污量；$\lambda_{COD}$、$\lambda_{NH3-N}$ 分别为 COD 和氨氮对应的权重，m 表示参与补偿资金分配的区县数量。

（2）生态保护牺牲。

生态保护牺牲是从过程的角度对各县市进行的瞄准，是指各县市在流域生态保护中经济投入与损失的多少，是各县市生态保护机会成本的体现。各县市在流域水质水量的保护上对现有生态资源的维护（如森林植被面积维护、污水处理设施的维护、河道疏通治理、垃圾回收站建设等），对已破坏污染生态的修复（如新建污水处理厂进行水质净化、水土流失的治理等），和对生态保护放弃的发展机会（如关停高污染企业、拒绝高耗企业投资、禁止河道周边畜禽养殖等）都属于流域生态保护的代价。分别计算各领域的机会成本，存在数据获取上的难度。各县市的机会成本损失反映在经济发展方面，特别是第一产业和第二产业的发展。为此，我们选取人口数量、发展结构、地理位置等相类似的区县作为对照，用受偿区域内各县市与对照地区在第一产业和第二产业方面的经济发展速度差异来表示流域生态保护牺牲。第一产业和第二产业的经济发展速度差异分别体现了各县市在面源保护和点源保护方面的牺牲。具体的计算公式为：

$$S_j = \lambda_f \times \frac{R'_{fj} - R_{fj}}{\sum\limits_{j=1}^{m} (R'_{fj} - R_{fj})} + \lambda_s \times \frac{R'_{sj} - R_{sj}}{\sum\limits_{j=1}^{m} (R'_{sj} - R_{sj})} \quad (7-12)$$

式（7-12）中，$R_{fj}$、$R'_{fj}$ 分别表示参与补偿资金分配的各区县和对照区县的第一产业增长率；$R_{dj}$、$R'_{dj}$分别表示参与补偿资金分配的各区县和对照区县的第二产业增长率。$\lambda_f$、$\lambda_s$分别为第一产业和第二产业所占权重。其他符号意义同上。

（3）经济发展水平。

补偿资金的分配需要考虑公平因素，各县市的经济发展水平各异，可用于生态保护的财力投入也各不相同。为保证高水准的生态环境质量，经济发展水平低的区县在流域生态保护上需要付出更大的努力和代价。经济发展水平是资金分配参照的重要依据，应多向经济发展落后的县市倾斜，更好地带动各区县参与生态保护的积极性。这里用人均GDP作为各区县经济发展水平的代表。计算公式为：

$$G_j = \frac{\overline{GDP_j}}{\sum\limits_{j=1}^{m} \overline{GDP_j}} \qquad (7-13)$$

式（7-13）中，$\overline{GDP_j}$表示各区县的人均GDP；其他符号意义同上。

（4）资源禀赋。

流域生态资源在各区县的分布量不同，展现的生态系统服务价值也存有差异。生态资源丰富的区县，为维持或改善现有的生态质量，需要较大的保护力度和资金投入，生态保护的难度和数量都会增加。依据各县市内流域生态资源分布的多少进行资金分配，是补偿资金分配科学合理的体现。为方便计量，用代表性强且数据已搜集的河道长度表示各区县的生态资源禀赋程度。区县内的河道长度越长，说明拥有的生态资源越丰富，越需要更多补偿资金的支持。具体的公式为：

$$Z_j = \frac{L_j}{\sum\limits_{j=1}^{m} L_j} \qquad (7-14)$$

式（7-14）中，$L_j$表示各区县内的河道长度。其他符号意义同上。

（5）一级资金分配计量。

一级资金分配体系中，从流域生态保护过程和实际成果两个方面考虑了各区县对流域生态环境质量保护的贡献和做出的牺牲，同时兼顾了经济发展水平和生态资源量的影响。综合四个方面制定科学高效的流域生态补偿资金分配体系。各个方面对资金分配的影响取相同权重，由此，可得到一级补偿资金分配体系中各区县的资金分配公式如下：

$$A_{fj} = M \cdot \frac{U_j}{\sum\limits_{j=1}^{m} U_j} \tag{7-15}$$

$$U_j = \beta_{aj}D_j + \beta_{xj}S_j + \beta_{gj}G_j + \beta_{zj}Z_j \tag{7-16}$$

其中，$A_{fj}$表示一级资金分配中各区县的分配金额；M 为补偿资金总量；$U_j$ 表示各区县在生态保护中的综合保护贡献得分，而且还代表了资金分配的优先度，综合得分越高，分配数额越大，越优先补偿；$\beta_{aj}$、$\beta_{xj}$、$\beta_{gj}$ 和 $\beta_{zj}$ 分别表示生态保护贡献、生态保护牺牲、经济水平和资源禀赋所占的权重。其他符号意义同上。

**2. 二级资金分配瞄准**

二级资金分配瞄准是在一级资金分配的基础上，将空间选择聚焦于各区县的居民、企业和当地政府间的补偿资金分配。二级资金分配瞄准精确到了各个核心利益主体，能够协调资金分配额与各主体保护行为间的同步对等，准确识别各利益主体，有效发挥补偿资金的激励作用。

与一级补偿资金分配瞄准中具有同质性的各县市不同，二级资金分配瞄准的居民、企业和地方政府间属性各异，在流域生态保护中发挥的作用和影响区域差异较大。因此，在借鉴一级资金分配瞄准指标的基础上，综合各利益主体的特性，可以从生态保护投入和污染减排两方面体现各核心利益主体对流域生态保护的贡献效应。

（1）生态保护成本。

同一级资金分配瞄准中的生态保护牺牲类似，这里的生态保护成本是指对流域生态环境保护进行的资本、人力、物力等方面的投入或损失。居民方面的保护成本包括为缓解流域生态压力、减少对流域水资源的污染而进行搬迁的成本损失，在流域生态建设中被迫遭受生产生活方式上的损失，如农业化肥的限用或禁用、畜禽养殖的限制等（胡仪元，2015）。企业方面的保护成本具体包括绿色生产技术的研发投入，污水等处理设施的投入，因高耗能、低效益或生产方式落后被迫关停并转的损失等。当地政府的生态保护成本是指除居民和企业的资金投入外，所进行的流域生态保护建设方面的资金投入和经济发展损失。具体包括污水处理厂扩建，垃圾回收站修建，植树造林，河道治理，移民安置及放弃引入污染企业而带来的税收损失等。

居民、企业和当地政府三类利益主体依据生态保护成本进行补偿资金分配瞄准的计算公式如下：

$$B_j = \dfrac{C_j}{\sum\limits_{j=1}^{3} C_j} \tag{7-17}$$

式（7-17）中，$B_j$ 表示各区县中的居民、企业和当地政府的保护成本占比；$C_j$ 表示三类利益主体的保护成本。

（2）污染减排。

各利益主体的污染减排是实际保护效果的体现。为与前面相关方面选取的指标一致，增强数据对比间的科学性，在众多的流域污染物中，选取主要的、具有代表性的 COD 和氨氮的减排量作为居民、企业和当地政府在流域生态保护中对污染物的消减贡献。居民、企业和当地政府对流域污染减排贡献的具体公式为：

$$J_j = \lambda_{CODi} \times \dfrac{D_{CODi}}{\sum\limits_{j=1}^{3} D_{CODi}} + \lambda_{NH3-Ni} \times \dfrac{D_{NH_3-Ni}}{\sum\limits_{j=1}^{3} D_{NH_3-Ni}} \tag{7-18}$$

式（7-18）中，$J_j$ 表示各利益主体的污染物消减贡献。$D_{CODi}$、$D_{NH_3-Ni}$ 分别表示各利益主体对 COD 和氨氮的减排量。$\lambda_{CODi}$、$\lambda_{NH_3-Ni}$ 分别为利益主体减排中 COD 和氨氮所占权重。

（3）二级补偿资金分配计量。

二级补偿资金分配瞄准的对象是各区县视角下的居民、企业和当地政府。由于区县的面积较小，所以将二级资金分配的对象都看作为核心利益主体。选取三类利益主体的相同特性，以表示保护行为的生态保护成本和表示结果的污染减量为瞄准依据，核算出的具体资金分配额客观、合理，计算公式具体如下：

$$A_{sj} = A_{fi} \cdot \dfrac{U_{2j}}{\sum\limits_{j=1}^{3} U_{2j}} \tag{7-19}$$

$$U_{2j} = \chi_{bj} B_j + \chi_{jj} J_j \tag{7-20}$$

其中，$A_{sj}$ 表示区县内居民、企业和当地政府的资金分配额；$A_{fi}$ 为区县的总受偿额；$U_{2j}$ 表示三类利益主体的综合指标得分，$\chi_{bj}$、$\chi_{jj}$ 分别为生态保护成本指标和污染减排指标所占比重。其他符号意义同上。

二级补偿资金分配中的居民和企业是代表一种利益主体类型，下属涵盖多个具体的居民或企业。将补偿资金细分至每一个居民或企业时，企业可依据各企业的损失和保护投入进行逐个的分配，居民的相关数据获取难度大且不易统计，可先将居民部分的补偿资金分配搬迁安置和生态建设损失两类，然后在各类中采用相同的标准实行均摊。

## 7.3  生态补偿资金的管理与考核

### 7.3.1  补偿资金的管理

补偿资金的管理是生态补偿资金顺利运行的基础和依据，具体是指补偿资金筹集、分配、使用方向、监督等一系列程序过程的规范。目前中国的流域生态补偿资金管理分散至多个部门，补偿资金的整体运行不流畅，运行效率低下。良好的资金管理机制有助于补偿资金使用效率的提高和各区域间的利益协调。管理机构、管理内容和管理监督是生态补偿资金管理机制中的关键要素。

**1. 补偿资金管理机构**

前面我们论述了补偿资金的来源与分配问题，具体实践操作中还需要专业化的机构来负责运行。管理机构是补偿资金管理的主体，可分为中央和地方两个层面。中央层面是从全国或某一类流域生态补偿的角度出发，设置生态补偿资金管理机构对我国生态补偿资金的运行进行指挥引导，如南水北调生态补偿管理委员会等。该机构的主要职责是：制定并出台相关的资金运行使用政策，做好各地方利益相关者的协调沟通，为补偿资金的运行使用提供依据和规范。地方层面是对具体某流域的补偿资金运行而成立专业化的管理机构，如黄河流域管理委员会、九江流域管理委员会等。相比于中央整体层面的管理，地方流域补偿资金管理机构属于其下属单位，执行效率更高。根据流域实际情况，制定流域性、区域性较强的资金管理规范，是生态补偿资金管理的细化和配套补充，可操作性更高。

补偿资金管理机构是财政、环保、水利等多个部门在流域生态补偿领域的整合，被赋予了一定的职权。对于已经存在类似流域管理机构的，应在现有基础上，进行强化和巩固，明确管理部门的权力与责任，做好生态补偿资金的管理运行；对于尚未存在，且生态补偿资金使用管理在多个部门交叉错乱的，应成立专门的资金管理运行机构，帮助补偿资金真正发挥补偿作用。此外，生态补偿资金管理机构是对补偿资金筹集、使用的具体管理，有一定的权限，应明确管理机构的职能，避免出现资源管理使用与责任不对等矛盾的产生。

**2. 管理内容**

对于横向补偿而言，生态补偿资金的管理主要是做好上下游间的利益协调，界定受益主客体，担负补偿资金运行的监管职能；对于纵向补偿而言，补偿资金的管理包括资金的征缴和分配使用，根据相应的规范依据将生态补偿资金补偿给利益受损者和未来的生态维护中，定期公布资金使用情况，确保补偿资金使用的公平性，有效解决流域各区域间的利益纠纷。

补偿资金管理中，应出台相应的政策法规，对补偿资金的筹集与使用予以明确标准，为补偿资金的顺利应用提供指导和保障。对于生态补偿资金来源中的政府纵向转移支付、横向转移支付及税费等，补偿资金管理中应做好整合与协调，避免出现矛盾冲突。补偿资金作为流域生态的专项资金，无论是补偿到区县等行政单位，还是具体到居民、企业等直接利益主体，遵循的标准都是为流域生态环境保护做出贡献或牺牲。此外，对于项目型的生态补偿，补偿资金主要的使用方向为污水处理设施建设、工业污染整治工程、农村面源污染防治、水土流失治理等（刘桂环，2015）。补偿资金管理过程中，除规范补偿资金来源与分配，做到资金使用的科学合理外，还应尝试将生态补偿资金与政策、技术培训等相结合，增强补偿资金的多面作用，做好各部门间的沟通，提高补偿资金的应用效率。

**3. 管理监督**

生态补偿资金的管理机构具有权力的边界，管理职权只限于生态补偿资金的应用范畴，管理利益与责任应具有统一协调性，避免职权的滥用，防止出现"保护者得不到应有补偿"等不公平现象，有效遏制资金管理寻租问题。当补偿资金运行过程中出现问题时，追究管理机构或

137

法人的相应责任，以保证流域各利益主体的利益均衡，实现补偿资金的高效使用。

补偿资金的管理监督可理解为两个方面的含义：一是对资金运行过程的监督；二是对管理机构的监督。

资金运行中的监督属于资金管理中的一项职能，即监督资金从筹集到使用路径等全部过程，保证补偿资金在每个环节的规范，做到信息公开，及时公布资金使用情况，让补偿资金真正落到实处，有效维护流域生态保护者和牺牲者的利益。

生态补偿资金能否高效发挥作用的关键之一在于管理机构是否真正发挥作用。为避免资金管理中出现腐败、"寻租"等现象的发生，应制定补偿资金管理运行的目标和准则，管理机构定期向上级单位递交补偿资金使用进展情况和及时公开资金目录，实时接受上级单位和居民、媒体的监督，强化管理机构和负责人的责任意识，保证流域生态补偿资金的各个管理环节符合法律法规规定，不断提高资金管理的公信力。

## 7.3.2　补偿资金的考核

现有的流域生态补偿进展中，部分区域已为补偿资金的筹集、分配方法、使用路径等制定了相应的政策法规，如江西省人民政府出台的《江西流域生态补偿办法（试行）》（2015）中对补偿资金的筹集和分配标准做了明确说明，昆明市专门出台《昆明市滇池流域河道生态补偿金使用管理办法》对补偿金的使用、申报、监督检查等进行了规范。上述的政策法规为补偿资金的科学管理提供了依据和指导。但对于补偿资金发挥的实际作用和运行情况的考核涉及较少。补偿资金考核的缺乏，导致资金利用效率低下，对流域生态环境修复和保护的效果不明显，因此应建立补偿资金管理的考核制度，构建完善的生态补偿资金评估考核体系，促进补偿资金的科学管理。

补偿资金考核是指对现有补偿资金的使用管理进行审计，评估资金在管理方式、支付时间、分配对象等各环节是否符合规范，以此来制约资金管理中的违法行为，让生态补偿资金落到实处，而非停留在政策法规表面，增强补偿资金管理的科学合理性。

补偿资金考核的主要依据是最初设立的资金管理目标和相关的政策

规定（胡仪元，2015）。考核的主体可分为四类：一是资金管理机构本身。这是从政策执行者的角度对资金管理运行的考核，可采用内部资料审核、资金使用督查等方式。二是补受偿主体。这是从资金来源和分配的直接对象角度进行的考核，主要通过相关满意度的反映来体现资金管理的科学性。三是委托的第三方机构。与上述两者自主考核不同，该考核主体不参与补偿资金管理运行的环节，是根据委托代理的合同内容考核资金管理运行的效果，专业性较强。四是由管理机构、直接利益主体、委托机构、上级单位等联合组成的考核小组。该考核主体代表了不同领域的利益，具有综合学科的背景，考核结果最为客观和公正。这也是最推崇的考核主体。

考核客体即是对补偿资金管理中的各个环节的考核。具体内容可体现为两个方面：一方面是对补偿资金使用管理过程的考核。对补偿资金筹集、分配管理流程中的一个或几个环节进行评估，检验资金管理的科学性。可通过上交财务报告或审核资金使用路径等方式核查资金使用是否得当、是否按期下发到位、是否分配至真正需要和补偿的利益主体手中等。另一方面是对资金管理结果的审核。考核补偿资金是否真正发挥作用，是否起到补偿效果，是否如期完成管理目标等。具体的考核方法有两种：一种是通过设置评价指标，构建补偿资金评价体系，根据资金管理评价得分确定评估结果；另一种是将补偿资金管理效果转化为货币，通过计算区域生态效益、经济效益和社会效益的价值变化来确定考核结果。

补偿资金考核是检测资金管理和资金运用效率的有效手段，可以保证补偿资金征缴合理、使用规范、分配对象得当。通过考核，可以帮助了解补偿资金甚至整个补偿过程运行情况，对违规操作、随意挪用资金、资金发放不到位等行为进行严惩，追究责任，并可将考核结果反作用于生态补偿中，帮助其更好实施。可从国家层面制定整体的补偿资金使用目标，通过资金评估考核，检验目标完成状况。将管理机构和地方政府官员作为负责人，以补偿资金的考核结果作为其政绩考核的指标之一（汪炳，2015），督促其加强监管、认真履行职责，规范操作，提高生态补偿资金效率和综合效益。

# 7.4 本章小结

在目前补偿资金的管理研究尚处于起步阶段，资金运作缺乏相应指导体系的背景下，本章对生态补偿资金的筹集、分配和管理考核机制进行了详细论述。

补偿资金筹集过程中，根据来源主体可分为政府财政资金和社会资本。其中政府财政是补偿资金的主要来源，包括上下级政府间的纵向转移支付、同级间的横向转移支付和纵向与横向支付混合三种模式。社会资本作为有效补充，主要体现为具有市场性质的利益各主体间的直接交易和流域生态补偿基金。在补偿区域内部，可根据区际范围逐层进行筹集，一级筹集可按照相应的衡量指标确定各区县的支付比例，二级筹集则确定区县内企业、居民和当地政府各自应承担的责任。

补偿资金的分配与筹集相对应，主要是指受偿区域内部的具体分配。生态补偿的受偿对象是对生态维护或改善做出贡献的利益主体，因此资金分配时应做好瞄准，发挥资金的应有价值。本书构建了资金分配模型，从两个层级进行开展。一级分配是在各区县层面的分配，将生态保护贡献、生态保护牺牲、经济水平和资源禀赋度作为衡量指标确定受偿各区县的分配比例；二级分配是具体到直接的利益相关者。依据生态保护成本和污染减排情况确定企业、居民和当地政府的资金所得额。

对于补偿资金在生态补偿中的整套应用流程，应设立专门的管理机构帮助厘清责任主体，规范操作，减少水域纠纷。对补偿资金管理进行评估考核，检验监督补偿资金的应用效果，促进补偿资金的合理分配。

# 第8章 小清河流域双向生态补偿机制模拟应用

本书选取山东省的小清河流域作为实证案例，分析现有生态补偿存在的问题和不足，在此基础上，采用上述章节构建的流域双向补偿机制进行重新架构，探索小清河流域更加高效科学的流域生态补偿机制，并完善相应的保障措施。

## 8.1 小清河流域概况

### 8.1.1 自然地理位置

小清河是山东省内最大的内陆河，属于渤海水系河流，位于鲁北中部平原，北靠黄河，南临鲁山、泰山山脉，地理坐标为 E116°50′~118°45′，N36°15′~37°20′。小清河起源于济南西部睦里庄，源头汇集了黄河灌溉尾水和诸泉水，自东向西依次流经济南、滨州、淄博、东营和潍坊5个地市共18个县（市、区），最后从潍坊寿光的羊口镇注入莱州湾。流域全长237千米，总面积为10433平方千米，具备灌溉、泄洪和航运等多种功能，是我国5条重要的国防战备河之一（林琳，2013）。本书以小清河干流为研究对象，按照水流流向，从上往下依次流经济南的槐荫、天桥、历城、章丘，滨州邹平、淄博的高青、桓台、滨州博兴、东营广饶和潍坊寿光10个县（市、区）。

小清河流域水系复杂，支流、湖泊众多。一级支流48条，主要有巨野河、绣江河、杏花河、孝妇河、塌河、东猪龙河等，其中淄博段的孝妇河为最大支流，流域面积为 1733 平方千米。① 水库包括太河水库、狼猫山水库等 8 座，以马踏湖为代表的湖泊涵盖 5 个。

小清河流域地势南高北低，南部多为山丘，海拔较高，北部以冲积平原为主，地势平缓。小清河流域属于温带大陆性气候，年均降水 620 毫米，年均气温差异较大、降水时空分布不均，6~9 月份的气温较高，降水丰富，约占流域全年降水量的 70% 以上（林琳，2013）。小清河流域的水源补给主要来自降水，因降水增大的流域径流量，会增强流域的自我净化能力，有效改善水源质量。

## 8.1.2 人口分布状况

小清河流域涵盖 182 个乡镇，面积占山东省总面积的 8% 左右。凭借丰富、便捷的资源优势，小清河流域内的人口数量不断积聚。截至 2016 年底，小清河干流流经区域的人口为 664.90 万人，约占山东省总人口的 6.70%，以区县为单位进行比较，人口数量前两位的寿光市和章丘区，均超过百万人，分别为 108.50 万人和 103.00 万人。② 小清河流域现有的人口规模中，农村人口占比为 51.02%，其中广饶县的农村人口占比高达 73.77%，高青县的农村人口占比为 65.71%。除济南段流经市区外，小清河中下游区域多为农村地区，因此农村人口比例较高。从流动性上看，小清河流域内多数区域人口的迁入数高于迁出数，说明区域的经济发展水平较高，对人员的吸引力较强，流动性高。人口数量的不断增加，对流域内各类资源的需求不断增长，水资源在生产生活中的利用量也逐年增多，生活污水、生活垃圾等污染排放致使流域水体污染不断加重。

## 8.1.3 经济发展状况

小清河流域是山东省重要的经济发展地区，在全省经济发展中的地位举足轻重。凭借丰富的资源，优越的地理位置，流域内各区域的经济得到快速发展，干流流经的 10 个区县中，2016 年有 4 个综合竞争力百强县市，1 个综合实力百强区。流域中存在多个大型

① https://baike.baidu.com/item/小清河。
② 数据来自《山东省统计年鉴 2017》。

的、经济水平高的城市，如省会济南、工矿业发达的淄博市、石油丰富的东营市等。2015年小清河干流区域的GDP总量为5841.59亿元，占全省经济总量的9.27%，其中第一、第二、第三产业产业比重为7∶51∶43。具体如表8-1所示。

表8-1　　　　　　　　小清河干流区域经济发展状况表

| 地市 | 区县 | GDP（亿元） | 第一产业（亿元） | 第二产业（亿元） | 第三产业（亿元） |
|---|---|---|---|---|---|
| 济南 | 槐荫 | 387.10 | 4.0 | 105.10 | 278.00 |
| | 天桥 | 384.90 | 4.0 | 96.00 | 284.90 |
| | 历城 | 808.00 | 48.30 | 330.20 | 429.60 |
| | 章丘 | 870.80 | 82.70 | 521.70 | 266.50 |
| 滨州 | 邹平 | 818.47 | 39.75 | 490.08 | 288.65 |
| | 博兴 | 304.85 | 24.10 | 157.23 | 123.52 |
| 淄博 | 桓台 | 504.94 | 20.06 | 306.67 | 178.21 |
| | 高青 | 188.02 | 25.35 | 92.16 | 70.52 |
| 东营 | 广饶 | 767.61 | 42.16 | 513.34 | 212.12 |
| 广饶 | 寿光 | 806.90 | 93.60 | 356.65 | 356.65 |

资料来源：《山东省统计年鉴2017》及各地市统计年鉴2017。

小清河干流区域的耕地资源丰富，人均耕地为1.21亩/人，农业经济在经济发展结构中的比例份额较大，高青县和寿光市的第一产业产值占比均超过了10%。从地域分布上看，流域中上游主要种植粮食作物，下游则以蔬菜等经济作物种植为主。2016年小清河干流区域粮食总产量为407.27万吨，种植种类主要为小麦和玉米，其中桓台县的粮食总产为50万吨，是长江以北第一个"吨粮县"，素有"鲁中粮仓"的美誉。高品质、高产量的粮食作物增加了居民收益，提高了人民的生活水平。流域内的蔬菜产业发展迅速，代表地区为潍坊的寿光市，作为全国著名的蔬菜种植基地，"中国蔬菜之乡"的寿光市通过蔬菜种植，从绿色、无公害角度打造出了品牌蔬菜，找到了自身的经济增长点，促进了区域经济的高速发展，为当地居民带来丰厚的经济效益。此外，流域内的畜禽养殖业依赖天然的水资源优势，也得到快速发展。2016年小清河流域区域内的大牲畜年末存栏量为全省总存栏量的33.48%，家禽年末存栏量占全省总量的34.30%。畜禽养殖增加了居民收入，但养殖过程中因粪便处理不规范对流域造成的污染也在不断加重。

## 8.1.4 水资源环境状况

历史上，小清河水质优良、水量充沛，水生生物种类丰富，流域水资源主要用于农业灌溉、内河航运等。20世纪80年代以后，随着工业经济和人口数量的增长，流域水资源利用量不断递增，流域污染随之而来。90年代小清河已变成"小黑河""小臭河"。2000年之后，流域污染进一步恶化，多项指标均超标。其中以有机污染和氨氮为主，COD的浓度高达300毫克/升，氨氮的浓度高于10毫克/升，与Ⅲ类水标准相比，超标10余倍，黑臭水体随处可见。政府对GDP的过度追求，导致水资源利用耗费量大，工业对自然资源的"掠夺式"利用加重了流域污染问题。小清河流域水质长期处于劣Ⅴ类水状态，难以为人们提供使用，鱼虾等水生生物的生存环境受到严重威胁。小清河流域的水量维持主要来自大气降水和外部供水，黄河是最大的客水来源。水资源的不合理利用，加上降雨量的时空分布不均匀，导致流域内水资源总量急剧下降，已难以达到航运要求，部分区域段甚至出现了干涸、断流现象，破坏了流域生态。近几年，各区域政府加大了对小清河流域生态的治理力度，如严格监管企业排污、要求企业安装污水处理设施、禁止剧毒农药的使用等，水质水量问题虽有所改善，但仍处于污染短缺状态。

大量排污对流域生态产生严重的负面影响，随着各区域政府污染治理力度的加大和居民环保意识的逐渐提高，小清河流域的污水排放情况出现改善。以济南段为例，2016年其废水排放量为34530万吨，比2015年减少了4924万吨。[1] 其他区域的废水排放量也有不同程度的减少。小清河干流区域5个交界断面处的水质监测指标显示，2015年5个交界断面处的COD指标处于Ⅳ类水水质范围内，氨氮浓度均大于2毫克/升，属于劣Ⅴ类水质；2016年COD浓度变化不大，仍为Ⅳ类水水质，氨氮浓度除上游济南新丰庄断面增加外，其他区域断面的浓度均有

---

[1] 资料来源：《济南市统计年鉴2017》。

所下降，为 Ⅴ 类水质。具体如图 8-1 和图 8-2 所示。

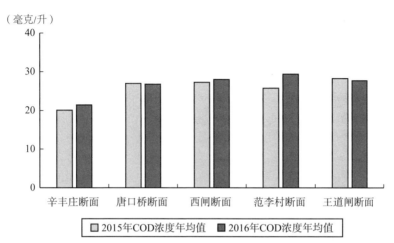

**图 8-1　2015～2016 年小清河流域各交界断面处的 COD 浓度变化**

资料来源：山东省生态环境厅。

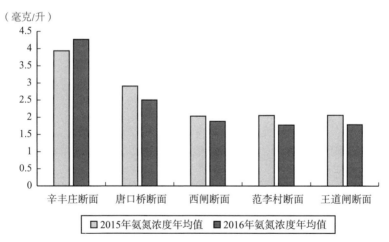

**图 8-2　2015～2016 年小清河流域各交界断面处的氨氮浓度变化**

资料来源：山东省生态环境厅。

　　从时间段上看，2016 年小清河流域 5 个交界断面处的 COD 和氨氮在 5～8 月份处于高浓度状态，如图 8-3 所示，这主要是受到季节性降雨量的影响。COD 主要来源于生活和工业污水、动植物腐烂分解物等，氨氮则主要来源于人畜粪便等。降雨量的增加，增大了流域径流量，但在该过程中，降雨将流域周边的人畜粪便、腐烂分解物、农药化肥残留物等冲刷至河道中，增大了污染物浓度，导致水质进一步恶化。

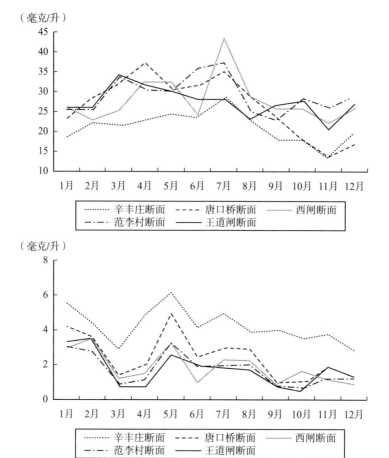

图 8-3　2016 年小清河流域 COD 和氨氮浓度月份变化

　　现有水质状态下，小清河流域的水资源主要应用于农业灌溉。流域污染主要是由不规范畜禽养殖、乱扔垃圾和工业污水排放等行为所致，随着点源污染整治力度的不断增强，面源污染将逐渐成为小清河流域生态恶化的主要因素（惠二青，2005）。

## 8.2　小清河流域生态补偿实施概述

生态补偿对推动流域生态建设、维护生态安全具有重要意义。回顾小清河流域生态补偿的历程，了解小清河流域生态补偿的整体态势，总结现有补偿工作的经验与不足，为后续小清河流域生态补偿机制的完善和深入开展提供参考。

### 8.2.1　生态补偿历程

小清河作为山东省重要的跨多市域河流，其流域生态环境治理一直是政府开展生态保护的重点。政府先后出台多项相关政策条例，为小清河流域环境治理和生态服务水平维持提供指导和保障。1988 年，山东省成立了小清河环境管理委员会，专门负责小清河的污染整治和日常管理工作，省财政拨付专款用于污染源的消除。1995 年，山东省第八届人民代表大会常务委员会制定了《小清河流域水污染防治条例》[①]，为流域生态补偿的探索提供了法律依据。1998 年成立山东省小清河管理局，主要负责小清河的水利工程建设和河道维护等。2006 年 12 月《山东省小清河流域水污染物综合排放标准》（DB371656 – 2006）制定出台，对流域中 69 种污染物的排放浓度限值进行了规范。为响应国家号召和满足流域生态环保需要，2007 年山东省政府办公厅印发了《关于在南水北调黄河以南段及省辖淮河流域和小清河流域开展生态补偿试点工作的意见》，首次提出小清河流域生态补偿内涵，要求开展小清河流域生态补偿试点工作，探索建立流域生态补偿机制。随后，为规范补偿资金的使用，山东省财政厅出台《小清河流域生态补偿试点资金管理办法》，对补偿资金的来源、分配和考核等进行了详细规定。2010 年，山东省环保厅和财政厅联合制定了《小清河流域上下游协议生态补偿暂行办法》（以下简称《办法》），对小清河流域中 5 市的生态补偿范围、补偿方式、标准核算方法、资金管理使用等进行了规定。《办法》的制定

147

---

① 注释：该《条例》已于 2018 年山东省第十二届人民代表大会委员会第三十五次会议上决议废止。

出台，成为小清河流域生态补偿机制运行的主要依据。在此基础上，2010 年 5 月，小清河流域生态补偿试点工作正式启动，成为国内流域生态补偿前期实践的重要探索。

小清河流域生态补偿机制设计的整体思路为：利用生态补偿机制，明确流域区域内各利益主体的责任和权益，通过相关指标的考核，建立以横向上下游间的补偿为主、省级财政引导为辅的流域生态补偿机制。用经济手段调动利益各方参与流域生态保护的积极性，建立健全激励约束机制，促进小清河流域生态环境的不断改善，实现流域生态与经济的协调发展。

小清河流域生态补偿以济南、滨州、淄博、东营和潍坊五个地市作为利益主体代表，将水质作为补偿依据，具体指标为 COD 和氨氮。以《小清河流域水污染综合治理实施方案》（以下简称《实施方案》）中的水质指标为标准，当区域水质高于或等于《实施方案》中规定的标准且与上年相比有所改善时，则获得下游相应补偿；当区域水质与上一年相比恶化时，则对其下游进行补偿。东营市和潍坊市因处于流域下游，补偿对象为省级财政。若水质改善，则得到省级财政的补偿，反之则向省级财政进行赔偿。补偿资金计量中，考虑到污染物影响力度的差异，对水质指标赋予了不同权重，其中 COD 权重占比为 65%，氨氮的权重占比为 35%，此外还采用调节系数（M）对补偿金额进行调整。补受偿金叠加耦合后显示为受偿对象的地市，山东省财政还会额外给予一定比例的奖励，鼓励利益主体更加积极地投入流域生态保护中。试点工作前期，山东省财政筹集 1 亿元资金为小清河流域生态补偿机制的顺利运行提供保障。其中 5000 万元为启动资金，按照污染物减排目标分配给各地市，另外 5000 万元为奖励资金，对获得净受偿的区域再进行同比例奖励。

## 8.2.2 实施运行与效果

2010~2016 年，山东省财政共拨付小清河流域生态补偿资金 19541 万元，其中淄博获得补偿资金最多，为 5884 万元，东营获得补偿最少，为 1810 万元。各地市的补受偿情况如图 8-4 所示。生态补偿有效调动了区域参与生态保护的积极性，各地市采取多种措施主动配合，为小清河流域生态补偿机制的稳步推进提供动力。如济南建立了小清河管理工作联席会议制度，累计投资 20 多亿元用于垃圾处理设施修建、污水直排口消除等，设置多个监测断面定期监测水质状况。2016 年制定出台的《济南市落实水污染防治行动计划实施方案》中明确提出要提高小清河流域的综合治理水平，将流域内的黑臭水体控制在 10% 以内，提升流域生态环境质量。此外，流域生态补偿机制的开展不仅改善了水质，还增加了流域径流量。小清河复航工程现已进入全面建设阶段，力争 2020 年实现 5 个地市的全线复航。

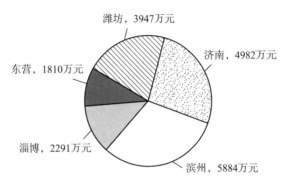

**图 8 - 4　2010～2016 年小清河流域各地市补受偿总额**
资料来源：山东省财政厅。

　　小清河流域生态补偿强化了流域各区域的水质责任，自补偿试点工作开展以来，小清河流域水质得到明显改善。2010 年流域中的 5 个地市均获得不同程度的补偿，具体为：济南获得补偿金额 2500 万元，淄博获得补偿 2000 万元，滨州、东营和潍坊各获得补偿 500 万元。2016 年小清河流域中 COD 和氨氮平均浓度比上年分别改善 5.0% 和 19.1%，连续 14 年实现持续改善[①]。截至 2017 年 9 月，除新丰庄断面为劣 V 类水外，其他断面的水质均为 Ⅳ 类水，"小黑河" 又变回了 "小清河"。水质改善为水生生物提供了适宜的生存环境，2016 年小清河已恢复 27 种鱼类生长，生物多样性效应明显。

　　生态补偿在改善流域生态环境的同时，也带来了显著的经济效益。2015 年小清河流域干流所在 10 个区县的 GDP 总量为 5841.59 亿元，是 2010 年 GDP 总量的 1.57 倍，年均增速为 12.77%，高于全省的年均增速。第一、第二、第三产业的结构比由之前的 6∶53∶41 变为 7∶51∶43，

---

　　① 资料来源：2016 年山东省水环境质量状况通报。

第二产业的比重逐渐下降，第三产业得到快速发展，说明小清河流域的产业结构不断优化，清洁绿色产业是未来产业发展的重要趋势。

### 8.2.3　存在的问题与不足

通过制度创新，小清河流域生态补偿对流域的污染治理和防范起到良好的推动作用，可为其他流域生态补偿的开展提供借鉴，促进生态补偿机制的完善和推广。但实践中也出现一些问题，存在进一步改进完善的空间。

（1）补偿标准计量不全面。

科学、全面的补偿标准是流域生态补偿的核心要素。现有的小清河流域生态补偿机制在核算补偿标准时，只以水质作为衡量指标，忽视了水量的重要性，补偿标准计量不全面，难以体现利益主体在流域生态维护中的综合贡献，造成补偿标准较低，激励性不足。目前多数流域生态补偿机制的开展都倾向以改善水质、消除污染为出发点，对水量的关注度较低。水量在水质改善和流域生态维护方面的功能不容小觑，充足的水量能为水生生物提供稳定的生存环境，有利于流域生物多样性的发展。此外，小清河复航之后，对于水量的需求会变得更加旺盛。

小清河流域补偿标准的核算，是根据国家公布的污染物处理成本厘定补偿金额，选用的 COD 和氨氮的处理成本分别为 3500 元/吨和 4375 元/吨，有一定的参考意义，但没有体现出污染物不同浓度下还原处理的难易程度，对流域生态保护与污染的差异性在污染物成本中也没有反映出来，核算虽增强了可操作性但缺乏科学性。因此应在现有的核算基础上，完善补偿标准计量体系，综合水质、水量对流域生态的影响，兼顾保护和污染行为的差异，提高补偿标准的科学性和合理性。

（2）资金分配管理有待细化。

《小清河流域上下游协议生态补偿试点办法》中规定小清河流域实行建立上下游间横向补偿为主、省级财政纵向补偿为辅的补偿机制。实际运作中则存在偏差，横向补偿模式并没有发挥真正作用，区域补受偿主要依靠省级政府执行，由省财政对各区域进行补偿。该模式下确定的补偿金额包含上游的外部影响，难以厘清区域真实的行为贡献。小清河流域中上下游横向间的交易补偿有待加强。此外，现有的补偿资金以政府转移支付为主导，给政府造成较大的财政压力，探索政府与市场相结合的补偿资金管理机制很有必要。实际试点中的补偿资金主要停留在地市层面，对区县及具体居民、企业层面的涉及较少，难以体现各利益主体的直接行为贡献。补偿资金在受偿地域内部间的分配、管理是完善流域生态补偿机制、优化补偿效果的重要环节，也是小清河流域生态补偿深入研究的主要领域。

（3）流域生态环境治理效果易反弹。

现阶段的生态补偿机制极大地改善了小清河流域生态质量，基本消除了流域黑臭水体，但生态维护状态不稳定，污染反弹现象明显。2010年东营段的水质污染减轻，获得补偿资金 500 万元，2011 年水质出现恶化，支付赔偿 440 万元，随后，水质在 2014 年和 2016 年均出现了不同程度的污染反弹。截至 2016 年，滨州、东营和潍坊均出现过不同程度的水质恶化现象。以 2016 年为例，因水质与上年同期相比污染加重，滨州、东营和潍坊各支付 340 万元、950 万元和 70 万元的赔偿金。

生态补偿中流域水质出现污染反弹，除天气等客观因素的影响，主要原因为激励不足及污染成本较低。应继续完善生态保护与生态赔偿的双向耦合补偿，制定科学的补偿核算体系，最大限度发挥生态补偿的作用，有效改善并维护流域生态环境，增强优良流域生态的可持续性。

151

## 8.3　小清河流域双向生态补偿机制运作

### 8.3.1　小清河流域利益主体确定

小清河流域中包括居民、企业、政府、科研机构等多种相关利益主体，按照补偿方向可分为补偿主体和受偿主体。补偿主体是指流域中的受益者，应为其享受到的生态系统服务支付相应费用。受偿主体是对小清河流域生态做出积极贡献或遭受额外损失的个人企业，抑或是提供了良好生态服务的系统本身。与现有研究中下游为补偿主体、上游为受偿主体的界定不同，小清河双向生态补偿中补受偿主体是不固定的，需要根据其实际行为效应进行界定。

为方便后续操作，本书选取政府作为流域补受偿主体代表，以小清河依次流经的济南、滨州邹平、淄博、滨州博兴、东营和潍坊市作为双向生态补偿中各区域协商补偿的利益主体。

## 8.3.2 小清河流域生态保护性补偿标准测算

依据外部性理论和生态资本理论，本书以各区域出入境断面处的水质水量为衡量指标，量化各行为主体的正外部效益，进而确定补偿数额。

### 8.3.2.1 基于水质的保护性补偿标准测算

根据小清河流域的污染特征，结合国家及流域标准，考虑到数据的可得性和一致性，本书选取危害性强、频率高、具有代表性 COD 和氨氮的污染程度作为流域的水质水平。

**1. 小清河流域水质标准**

小清河是山东省中部地区重要的用水河道，利用生态补偿等环境治理措施不断改善其水环境质量、恢复优良水质、实现流域水清鱼游的景象是全社会共同努力的目标。水质标准是在流域实际状况的基础上由流域相关利益主体协商制定，直接影响生态补偿效果。协议标准制定过高，则标准达成存在较大困难，易影响水质保护者的积极性；协议标准制定过低，则失去了保护性补偿的意义。鉴于小清河常年污染严重的现状，水质补偿标准不宜过高，因此本书选取适宜人类生产生活使用和大多数水生生物生存的最低标准，通过努力即可实现的地表水质量级别Ⅲ类水作为小清河流域的协议水质标准。

**2. 小清河流域水质评价**

（1）数据来源。

书中所用的小清河流域中 COD 和氨氮的水质浓度指标均来源于山东省环保厅。为增强补偿机制的可行性，降低交易成本和突发因素对水质造成的影响，本书以年为时间跨度进行水质评价，选取 2016 年小清河干流 5 个交界断面处的 COD、氨氮水质监测年均值进行分析。

（2）评价方法。

采用综合水质标识指数法对小清河流域水质做出定性定量评价，较为全面地反映出小清河流域水质的保护程度。根据地表水质量标准的规定，协议标准Ⅲ类水中 COD 指标的浓度上限为 20 毫克/升，氨氮指标的浓度上限为 1 毫克/升。

根据第 4 章中综合水质标识指数评价方法的研究思路，首先确定 COD 和氨氮的单因子标识指数，其次计算综合水质标识指数。COD 和氨氮分别为面源污染和点源污染的主要污染物，对小清河流域水质都具有重要影响，因此本书对两者采取同等权重计算综合水质指数。

（3）水质评价结果。

以上游济南市为例，2016 年济南小清河新丰庄断面处 COD 指标浓度的年均值为 21.43 毫克/升，氨氮浓度的年均值为 4.27 毫克/升。则 COD 因子的标识指数 $P_{COD} = 4.11$，氨氮的标识指数为 $P_{NH3-N} = 7.11$。综合加权后确定济南与滨州交界处新丰庄断面的水质指数为 P = 5.6。结合与协议水质Ⅲ类水的污染因子浓度差距，得到新丰庄断面的综合水质评价标识指数为 WQI = 5.622。其他 4 个交界断面处 COD 和氨氮的标识指数及综合水质标识指数可依次得出。小清河流域各区域具体的水质状况如表 8-2 所示。

表 8-2　　　　　　　　小清河流域及各交界断面水质评价结果

| 断面 | COD 水质标识指数 | COD 水质类别 | NH₃-N 水质标识指数 | NH₃-N 水质类别 | 综合水质标识指数 | 综合水质类别 |
|---|---|---|---|---|---|---|
| 新丰庄（济南-滨州） | 4.1 | Ⅳ类 | 7.1 | 劣Ⅴ类，且黑臭 | 5.622 | Ⅴ类 |
| 唐口桥（滨州-淄博） | 4.7 | Ⅳ类 | 6.3 | 劣Ⅴ类，但不黑臭 | 5.522 | Ⅴ类 |
| 西闸（淄博-滨州） | 4.8 | Ⅳ类 | 5.9 | 劣Ⅴ类，但不黑臭 | 5.422 | Ⅴ类 |
| 范李村（滨州-东营） | 4.9 | Ⅳ类 | 5.4 | 劣Ⅴ类，但不黑臭 | 5.222 | Ⅴ类 |
| 王道闸（东营-潍坊） | 4.8 | Ⅳ类 | 5.6 | 劣Ⅴ类，但不黑臭 | 5.222 | Ⅴ类 |
| 小清河流域 | 4.7 | Ⅳ类 | 6.1 | 劣Ⅴ类，但不黑臭 | 5.422 | Ⅴ类 |

注：由于潍坊段河道较短，入海口处没有设置省级水质监测点，为保证数据的一致性，本书暂且忽略。

由表 8-2 可知，从小清河流域整体状况来看，综合水质标识指数为 5.422，为 V 类水，说明整条河流污染较为严重。流域单因子水质标识指数中，COD 的水质标识指数为 4.7，属于 IV 类水，氨氮的水质标识指数为 6.1，属于劣 V 类水，但尚未黑臭。相比之下，氨氮的污染程度更为严重，这主要是由于大量的工业污水排放所致。

从各个断面的评价结果中看，5 个交界断面的综合水质类别都为 V 类水质，COD 与氨氮的指标全部超标，其中济南段污染最为严重。COD 水质评价中 5 个断面的评价结果都为 IV 类水质；氨氮的水质评价结果中新丰庄断面水质标识指数为 7.1，属于劣 V 类水且黑臭类型。唐口桥断面的水质标识指数为 6.3，为劣 V 类水但不黑臭类型。剩余 3 个断面的氨氮水质都在 V 类水标准范围内。

### 3. 基于水质的保护性补偿结果

小清河流域综合水质评价结果表明，同协议水质 III 类水相比，流域内 5 个交界断面处的水质都没有达到目标，综合水质标识指数均大于 3.000。可见各区域在水质方面的保护效果不明显，没有产生正外部效益，所以基于水质的保护性补偿标准均为零。

#### 8.3.2.2　基于水量的保护性补偿标准测算

基于水量的保护性补偿标准测算主要包括对水源地水量保护行为和各区域节水行为贡献测算两部分。在确定各区域分水量的基础上，确定水量方面的保护性补偿标准。

### 1. 小清河流域水量分配

（1）可分配水量。

流域水资源总量包括地表水和地下水两部分，本书只考虑地表水。流域具有地理位置和资源禀赋的特殊性，上下游间的用水影响是单向不可逆的，因此流域分配的用水量应是从上游流至下游的水量，这样的水量分配才有意义。本书选取 2016 年作为研究的时间点，以上游济南黄桥台断面的出境径流量为分配对象进行小清河流域水资源的划分。2016

年小清河流域的可分配水量为 3.46 亿立方米①。

（2）指标权重的确定。

小清河流域下游共流经 4 个地区的县市，其中淄博地域流经的是高青县和桓台县，东营地域流经广饶市，潍坊地域流经寿光市。各县市指标的具体值如表 8 - 3 所示。

表 8 - 3　　　　　　　　　小清河流域各区域的指标值

| 准则 | 具体指标 | 滨州邹平 | 淄博 | 滨州博兴 | 东营 | 潍坊 |
|---|---|---|---|---|---|---|
| 社会公平 | 人口总量（万） | 73.55 | 87.04 | 49.56 | 51.68 | 107.38 |
| | 农业有效灌溉面积（千公顷） | 57.55 | 72.09 | 43.72 | 52.82 | 102.80 |
| | 现状用水量（亿立方米） | 4.20 | 1.27 | 2.33 | 1.50 | 1.96 |
| 经济效率 | 人均 GDP（万元） | 11.13 | 7.96 | 6.15 | 14.85 | 7.51 |
| | 亩均农业产值（元） | 2738.49 | 4199.38 | 2619.70 | 5673.53 | 7912.06 |
| | 万元 GDP 用水量（立方米） | 51.32 | 18.33 | 76.43 | 19.54 | 24.29 |
| | 工业万元增加值用水（立方米） | 9.35 | 16.18 | 9.35 | 9.18 | 12.33 |
| 生态可持续 | 生态河道治理长度（千米） | 45.61 | 42.65 | 29.00 | 38.54 | 31.50 |
| | 万元 GDP 废水排放量（万吨） | 7.01 | 8.83 | 13.38 | 3.06 | 10.97 |
| | 植被覆盖率（%） | 34.80 | 35.50 | 38.00 | 31.86 | 27.80 |

资料来源：《山东省统计年鉴 2016》《济南市统计年鉴 2016》《滨州市统计年鉴 2016》《淄博市统计年鉴 2016》《东营市统计年鉴 2016》和《潍坊市统计年鉴 2016》。

155

采用 AHP 法，邀请本领域的专家对小清河流域水量分配体系中的 10 个指标按照重要性程度进行两两打分，构造判断矩阵，计算各指标的主观权重，结果都通过了一致性检验，如表 8 - 4 所示。

将小清河各指标的数据进行标准化处理，其中万元 GDP 用水量、工业万元增加值用水量和万元 GDP 废水排放量遵循负向变化越小越优的原则。其余指标为正向指标，遵循正向变化越大越优的原则。

————————————

①　资料来源：山东省水文局。

表 8-4 AHP 方法下小清河流域各指标的权重

| 准则 | 权重 | 指标 | 权重 | AHP 主观权重 |
|---|---|---|---|---|
| 社会公平 $B_1$ | 0.333 | 人口总量 $C_1$ | 0.163 | 0.054 |
| | | 农业有效灌溉面积 $C_2$ | 0.297 | 0.099 |
| | | 现状用水量 $C_3$ | 0.540 | 0.180 |
| 经济效率 $B_2$ | 0.333 | 人均 GDP $C_4$ | 0.141 | 0.047 |
| | | 亩均农业产值 $C_5$ | 0.141 | 0.047 |
| | | 万元 GDP 用水量 $C_6$ | 0.455 | 0.152 |
| | | 工业万元增加值用水量 $C_7$ | 0.263 | 0.087 |
| 生态可持续 $B_3$ | 0.333 | 生态河道治理长度 $C_8$ | 0.429 | 0.143 |
| | | 万元 GDP 废水排放量 $C_9$ | 0.429 | 0.143 |
| | | 植被覆盖率 $C_{10}$ | 0.142 | 0.048 |

按照熵值法的计算步骤,利用 MATLAB 2016 软件分别测算各指标的熵值、差异度和客观权重。最后通过对 AHP 法的主观权重进行修正,得到调整后的综合权重。结果如表 8-5 所示。

表 8-5 小清河流域水量分配指标综合权重

| 指标 | AHP 主观权重 $\delta_j$ | 熵值 $E_j$ | 客观权重 $\eta_j$ | 综合权重 $W_j$ |
|---|---|---|---|---|
| 人口总量 $C_1$ | 0.054 | 0.973 | 0.068 | 0.031 |
| 农业有效灌溉面积 $C_2$ | 0.099 | 0.971 | 0.071 | 0.060 |
| 现状用水量 $C_3$ | 0.180 | 0.940 | 0.150 | 0.229 |
| 人均 GDP $C_4$ | 0.047 | 0.968 | 0.080 | 0.032 |
| 亩均农业产值 $C_5$ | 0.047 | 0.945 | 0.137 | 0.055 |
| 万元 GDP 用水量 $C_6$ | 0.152 | 0.926 | 0.185 | 0.239 |
| 工业万元增加值用水量 $C_7$ | 0.087 | 0.987 | 0.033 | 0.024 |
| 生态河道治理长度 $C_8$ | 0.143 | 0.991 | 0.022 | 0.027 |
| 万元 GDP 废水排放量 $C_9$ | 0.143 | 0.902 | 0.245 | 0.298 |
| 植被覆盖率 $C_{10}$ | 0.048 | 0.997 | 0.009 | 0.004 |

（3）各区域水量分配数量。

根据上述研究构建小清河流域水量分配模型和各指标综合权重，得到小清河流域从上至下各区域的水量分配比重和分配量。需要注意的是，这里的应分水量是生态需水和生产、生活需水量的总和，为维持河道基本的生态功能，各区域河道应保证相应的生态径流量。采用 Tennant 法，用径流量的 30% 作为生态径流量。各区域的水量分配及实际可用水量如表 8-6 所示。

表 8-6 小清河下游各区域的水量分配

| 区域 | 滨州邹平 | 淄博 | 滨州博兴 | 东营 | 潍坊 |
|---|---|---|---|---|---|
| 区域分水比例（%） | 21.24 | 18.99 | 12.75 | 27.81 | 19.22 |
| 分水量（万立方米） | 7350.03 | 6568.84 | 4411.18 | 9620.53 | 6649.42 |
| 可用分水量（万立方米） | 5145.02 | 4598.19 | 3087.83 | 6734.37 | 4654.59 |

**2. 水源地水量保护性补偿标准确定**

（1）水源地水量保护成本。

上游济南为保证一定的下泄水量，进行了大量的工程建设，主要包括退耕还林、雨污分流工程、湿地建设、植树造林、修复柴庄节制闸、小清河综合治理工程等。其中退耕还林已列入国家补偿范围内，因此相关投入不计入核算范围。雨污分流、湿地建设、综合治理等工程类项目，由于建设期长，其投资额是根据总投资与作用年限计算得到。雨污分流工程费用包括指污水处理厂建设、中水处理站建设、污水管线铺设等进行的投入，年均投入 112.5 万元。小清河综合治理工程征收国有和集体土地 6000 余亩，拆迁流域居民 1476 户，年均投资 6459 万元。2016 年济南对小清河生态维护的投入费用达 7776 万元。

小清河水量保护行为的机会损失主要体现为第一产业方面的机会成本（AOC）和第二产业方面的机会成本（IOC）。其中第一产业的机会成本损失可用种植收益减少的数额来表示，即：

$$AOC = \sum_{i=1}^{n} S_i I_i \qquad (8-1)$$

其中，$S_i$ 为水源地济南因生态建设导致第 i 种种植作物减少的耕种面积（亩），$I_i$ 为生态保护前第 i 种种植作物的亩均收益（元）。济南小清河段种植的农作物主要为小麦和玉米。济南为维持一定下泄水量通过退耕还林等措施减少了原本的耕地面积，其中小麦种植面积减少 5951 公顷，玉米种植面积减少 481 公顷，结合近年来小麦玉米的市场价格、产量和实地调研所掌握的情况，每亩小麦或玉米的年收益约为 500 元。由此可得第一产业的机会成本。

第二产业的机会成本损失（IOC）可用济南生态保护前后的工业发展速度差异来表示（段靖，2010）。选取同济南生态保护前经济水平、地理位置、人口、产业结构等相似的青岛作为对照区域，通过比较两者间第二产业增加值的差额进行确定。计算公式为：

$$IOC = \theta \cdot M_f \left( \frac{e-e'}{M_e} - \frac{f-f'}{M_f} \right)$$

$$\theta = \frac{R}{GDP} \tag{8-2}$$

其中，$M_f$ 为小清河流经济南区域的人口数量；e 为青岛当年的第二产业产值；e' 为青岛前一年的第二产业产值；$M_e$ 为青岛当年的人口数；f 为济南当年的第二产业产值；f' 为济南前一年的第二产业产值；θ 为调节系数，用济南财政收入（R）与当年 GDP 的比值表示。

小清河水量维持成本分为直接投入成本和间接机会成本两部分，如表 8 - 7 所示。

表 8 - 7　　　　　　　　2016 年小清河水量保护成本的数额

| 种类 | 成本类型 | 项目名称 | 投资额（万元） |
|---|---|---|---|
| 小清河水量保护总成本 | 直接投入成本 | 雨污分流工程 | 112.50 |
| | | 人工湿地建设 | 847.50 |
| | | 植树造林 | 316.00 |
| | | 修复柴庄节制闸 | 50.00 |
| | | 小清河综合治理 | 6450.00 |
| | 间接机会成本 | 第一产业机会成本 | 4824.00 |
| | | 第二产业机会成本 | 25975.16 |

资料来源：笔者根据小清河管理局和济南财政局的相关数据整理所得。

（2）单位水量保护成本的确定。

水源地济南每年对小清河流域的保护成本为直接投入与机会成本之和，共38575.16万元。现实中，由于相关的生态建设和损失在维护水量的同时也会对水质产生影响，为更精准地确定济南在水量维护方面的贡献，本书选择生态建设总成本的50%作为水量保护的总成本。

保护的水量包括济南段用水量和供给下游水量两部分。其中上游济南段对小清河的使用主要体现在农业灌溉用水和河道生态用水。小清河流域济南段的灌溉面积约为20万亩，按照2016年济南农业灌溉亩均用水量241.60立方米/亩计算，可知小清河流域的灌溉用水为4832.10万立方米；小清河河道生态用水约占年均径流量的30%，为10367.87万立方米；2016年小清河济南段流出的年均水量为3.46亿立方米，由此可计算得知小清河济南段2016年维护的水量总计为49799.97万立方米。

综上可计算得知，小清河2016年单位水量保护成本为0.39元/立方米。

（3）小清河水源地水量的保护性补偿标准。

2016年水源地济南段为下游提供了3.46亿立方米的用水，结合单位水量保护成本，水源地济南应获得下游基于水量的保护性补偿金额13478.23万元。结合各区域的分摊比例，即可得到区域因用水应承担的保护责任。滨州邹平至潍坊承担的水源地水量保护成本实际分摊额分别为：2862.78万元、2559.52万元、1718.47万元、3748.30万元和2590.52万元。按照流经区域水量的多少，各区域获得下游水量维护成本方面的补偿情况如表8-8所示。

表8-8    小清河各区域基于水量保护成本的分摊额    单位：万元

| 区域 | 济南 | 滨州邹平 | 淄博 | 滨州博兴 | 东营 | 潍坊 |
|------|------|----------|------|----------|------|------|
| 水量保护成本分摊额 | 13478.23 | 10616.81 | 8057.29 | 6338.82 | 2590.52 | 0.00 |

资料来源：笔者计算整理。

### 3. 区域水量增加的保护性补偿标准确定

（1）水量增加值的确定。

假设可用分水量与使用量相等，可计算得出滨州邹平、淄博、滨州博兴、东营和潍坊各区域交界断面处的理论径流量。

通过比较各区域交接断面处的实际出境净流量与理论径流量之间的差额确定各区域的水量增加情况。表8-9为小清河各区域的水量具体增加值。

表8-9　　　　　　　　小清河各区域断面的水量增加值　　　　　　单位：亿立方米

| 区域交界断面 | 济南—滨州邹平 | 滨州邹平—淄博 | 淄博—滨州博兴 | 滨州博兴—东营 | 东营—潍坊 | 潍坊—入海 |
|---|---|---|---|---|---|---|
| 实际径流量 | 3.46 | 4.84 | 6.22 | 4.96 | 2.98 | 1.00 |
| 理论径流量 | 3.46 | 2.95 | 2.49 | 2.18 | 1.50 | 1.04 |
| 水量增加值 | 0 | 1.89 | 3.73 | 2.78 | 1.48 | —① |

注：实际水文监测中，滨州邹平段和潍坊段入境处没有设置省级水文站、缺少水量监测数据，相关水量数据由相邻两区域的径流量平均得到。

从表8-9中可以看出，综合区域用水和外部汇水后，滨州邹平段、淄博段、滨州博兴段和东营段的出境断面径流量相比于理论径流量都有所增加，如滨州邹平段出境断面处的径流量比理论径流量多了1.89亿立方米，应获得相应程度的补偿。

（2）水量增加的补偿额。

区域增加的下泄水量，是通过引进节水技术、限制高耗水产业发展、修建水量维护设施等资本投入和牺牲得来，补偿标准采用8.3.2.2节中的单位水量保护成本0.39元/立方米表示。

根据第4章中的公式（4-8），可得到各区域断面水量增加的补偿额，其中滨州邹平、淄博、滨州博兴和东营分别获得相应补偿额为：7371.00万元、14547.00万元、10842.00万元和5772.00万元。

**4. 基于水量的保护性补偿额核算**

结合水源地济南的水量保护成本和各区域的水量增加补偿，得到小清河各区域基于水量的保护性补偿情况如表8-10所示。

---

① 本表只显示水量增加值，由于潍坊至入海口不存在水量增加情况，因此这里不显示。

表 8 – 10　　　　　小清河各区域基于水量的保护性补偿金额　　　　　单位：万元

| 计算方式 | 济南 | 滨州邹平 | 淄博 | 滨州博兴 | 东营 | 潍坊 |
|---|---|---|---|---|---|---|
| 水量维护补偿 | 13478.23 | 10616.81 | 8057.29 | 6338.82 | 2590.52 | 0.00 |
| 水量增加补偿 | 0.00 | 7371.00 | 14547.00 | 10842.00 | 5772.00 | 0.00 |
| 水量保护性补偿总额 | 13478.23 | 17987.81 | 22604.29 | 17180.82 | 8362.52 | 0.00 |

资料来源：笔者计算整理。

### 8.3.2.3 保护性补偿标准的综合测算

将基于水质和水量的保护性补偿额耦合叠加，根据公式（4 – 12），得到小清河各区域因正外部性行为应得的综合保护性补偿额。

表 8 –11　　　　　　小清河各区域保护性综合补偿额　　　　　单位：万元

| 计算方式 | 济南 | 滨州邹平 | 淄博 | 滨州博兴 | 东营 | 潍坊 |
|---|---|---|---|---|---|---|
| 水质的保护性补偿额 | 0.00 | 0.00 | 0.00 | 0.00 | 0.00 | 0.00 |
| 水量的保护性补偿额 | 13478.23 | 17987.81 | 22604.29 | 17180.82 | 8362.52 | 0.00 |
| 保护性综合补偿额 | 13478.23 | 17987.81 | 22604.29 | 17180.82 | 8362.52 | 0.00 |

资料来源：笔者计算整理。

如表 8 – 11 所示，在水质保护方面，6 个地区都没能将水质改善至协议标准，因此基于水质的保护性补偿金额均为零。水量方面，水源地济南为维护流域水量进行了大量投入，得到下游补偿其享受到的正外部效益为 13478.23 万元，滨州邹平、淄博、滨州博兴和东营区域因水量保护行为受到相对应的补偿，而潍坊段则因超量用水，节水贡献不突出，没有获得补偿。

## 8.3.3 小清河流域生态惩罚性补偿标准核算

惩罚性补偿是将利益主体行为的外部不经济利用经济手段内部化，调整私人成本与社会成本、个人收益与社会收益的均等，实现资源配置的帕累托最优。流域生态负外部性的结果具体体现为水质和水量两方面。为与保护性补偿金额相区分，惩罚性补偿金额用负数表示。

### 8.3.3.1 基于水质的惩罚性补偿额的计量

同上述 8.3.2 中的水质指标一致,选取 COD 和氨氮作为水质指标代表进行小清河流域的水质评价,协议水质为地表水水质类别中的Ⅲ类水。

**1. 数据来源**

选用 2016 年小清河流域中区域交界断面处 COD 和氨氮的年均浓度值进行分析。数据来源于山东省环保厅。5 个交界断面分别为济南与滨州邹平交界处的新丰庄断面、滨州邹平与淄博交界处的塘口桥断面,淄博与滨州博兴交界处的西闸断面,滨州博兴与东营交界处的范李村断面,东营与潍坊交界处的王道闸断面。

**2. 小清河污染状况的评判**

利用综合水质标识指数法,对小清河干流 5 个交界断面处的水质进行评价。单因子水质标识指数显示:

(1) 2016 年 5 个交界断面处的 COD 水质类别均为Ⅳ类水,超出协议水质一个类别。其中济南段排放的 COD 水质类别比较接近Ⅳ类水浓度范围的下限;滨州邹平段排放的 COD 水质类别倾向Ⅳ类水浓度范围的上限,与入境处的水质相比,进一步恶化;淄博段排放的 COD 水质类别同入境时的浓度相比更加接近Ⅴ类水;滨州博兴段排放的 COD 水质类别最差,单因子水质标识指数为 4.9,即将成为Ⅴ类水;东营段排放到潍坊的 COD 水质类别虽然同协议水质仍存有距离,但与入境时的水质相比,水质标识指数降低,水质有所改善。

(2) 相比于 COD,氨氮的污染更为严重,5 个交界断面处的水体都处于劣Ⅴ类水行列。其中济南出境断面处氨氮的浓度高达 4.27 毫克/升,属于劣Ⅴ类水中的黑臭水体,远超于协议水质;滨州邹平出境时氨氮污染程度有所改善,消除了黑臭属性,但仍为劣Ⅴ类水;淄博出境断面处的水体与入境时相比,氨氮浓度进一步降低,水质标识指数开始进入 5 的范畴;滨州段的氨氮水体属于小清河 5 个区域中的最优水质,水质标识指数倾向于劣Ⅴ类水浓度范围中的下限位置,说明滨州段的氨氮排放较少,保护工作比较到位;东营与潍坊交界处的王道闸断面氨氮浓度再次升高,水质进一步恶化,说明东营段的氨氮排放量较大,加重了氨氮污染。

按照 1:1 的权重比例，综合 COD 和氨氮的水质类别，得到 5 个交界断面处的综合水质标识指数。小清河流域的整体水质为 V 类水，COD 和氨氮两个水质指标均超过协议水质标准。其中上游济南段的污染最为严重，滨州邹平段污染次之，淄博段和东营段相比较而言污染最轻，最接近 V 类水浓度范围中的下限位置。

小清河流域的污染程度从上游至下游呈逐渐减缓趋势，这与一般流域的水质特点截然相反。主要是因为小清河是济南主要的排污河流且流经济南市市区，大量的生活废水、工业污水等排入其中，现有的污水处理能力不足以全部消除，导致河流内污染物浓度居高不下。与此同时，下游流经区域多为农村地区，污水排放相对较少，且有多条支流汇入，稀释了污水浓度，此外流域下游进行的大量生态保护建设对水质的改善起到促进作用。如 2015 年东营广饶县投资 2 亿元用于实施人工湿地、河道绿化等生态保护建设，取得良好效果。

依据各断面的综合水质标识指数，可以判断各区域对小清河流域的污染保护行为，进而确定补受偿方向。小清河流域各区域的水质变化情况及补受偿方向如表 8-12 所示。

表 8-12　　　　小清河流域各区域水质变化及补受偿方向

| 区域段 | 进水水质标识指数 | 出水水质标识指数 | 水质变化 | 补受偿情况 |
|---|---|---|---|---|
| 济南 | — | 5.622 | 加重污染 | 补偿（罚） |
| 滨州邹平 | 5.622 | 5.522 | 水质改善，但尚未达标 | 补偿（罚） |
| 淄博 | 5.522 | 5.422 | 水质改善，但尚未达标 | 补偿（罚） |
| 滨州博兴 | 5.422 | 5.222 | 水质改善，但尚未达标 | 补偿（罚） |
| 东营段 | 5.222 | 5.222 | 保持不变，但尚未达标 | 补偿（罚） |

从各行政区域段来看，济南段加重了对流域水质的污染；滨州邹平段、淄博段和滨州博兴段减少了污水排放，改善了水质，但与标准水质要求还有差距；东营段维持了原有水质，但还需加大保护力度。

通过上述分析可知，小清河流域污染严重，各出境断面都没有达到

163

Ⅲ类水的协议标准，说明各区域的污染行为贡献大于环保行为贡献，产生了外部负效应，应进行惩罚性补偿。

### 3. 补偿量的核算

采用重置成本模型，计算小清河各区域因水质污染而受罚的金额。

小清河流域上游济南段的出水综合水质为Ⅴ类水，其中COD浓度为21.43毫克/升、氨氮浓度为4.27毫克/升。因为济南段为流域源头，没有上游，因此与协议水质进行对比来确定赔偿量。赔偿金额为COD和氨氮还原为各自Ⅲ类水质标准所需的费用之和。根据第4章中的公式（4-17）和（4-20）测算，COD浓度在21.43毫克/升和20毫克/升时对应的单位处理成本分别为8054.98元/吨、8803.47元/吨。由此可得到COD在21.43毫克/升还原成标准浓度所需的成本为：

$$M_{jcod} = \int_{21.43}^{20} f(x_j) dx = 416.57(万元)$$

根据第4章中的公式（4-18）和（4-20）测算，氨氮浓度在4.27毫克/升和1毫克/升时对应的单位处理成本分别为6610.04元/吨和17479.3元/吨，进而得到氨氮在4.27毫克/升还原成标准浓度所需的成本为：

$$M_{jNH3-N} = \int_{4.27}^{1} f(x_j) dx = 1124.22(万元)$$

由此可知济南应补偿给下游滨州邹平段1540.79万元。

滨州邹平段的综合水质评价为Ⅴ类水，应该对其下游进行补偿。其中COD的进出水浓度差为21.43毫克/升 - 26.75毫克/升 = - 5.32毫克/升 < 0，小于进水浓度与目标水质差，说明邹平段不仅没有保护反而加大了污染，应该要支付水质还原成协议水质的成本2377.77万元；氨氮的进出水浓度差为4.27毫克/升 - 2.50毫克/升 = 1.77毫克/升 > 0，也小于进水浓度与目标水质的差，说明邹平段进行了生态保护，但力度较小，尚未满足要求，需弥补现有水质还原成目标水质所需的费用为903.37万元。同理可计算其他区域段基于水质污染应缴纳的金额，结果如表8-13所示。

表 8 – 13　　　　　小清河流域各区域基于水质的惩罚性补偿

| 区域段 | 径流量<br>（亿立方米） | COD 补偿量<br>（万元） | 氨氮补偿量<br>（万元） | 总补偿量<br>（万元） |
|---|---|---|---|---|
| 济南 | 3.46 | −416.57 | −1124.22 | −1540.79 |
| 滨州邹平 | 4.84 | −2377.77 | −903.37 | −3281.14 |
| 淄博 | 6.22 | −3505.86 | −761.83 | −4267.69 |
| 滨州博兴 | 4.96 | −3180.33 | −549.81 | −3730.14 |
| 东营 | 2.98 | −1629.92 | −333.85 | −1963.77 |

资料来源：笔者计算整理。

### 8.3.3.2　基于水量的惩罚性补偿量核算

**1. 超额用水量的测度**

结合 8.3.2 中的相关计算，通过对比各区域交界断面实际径流量与理论径流量的差额，可知，2016 年小清河潍坊段存在超量用水行为，超额量为 0.4 亿立方米。

**2. 单位赔偿标准的确定**

区域超额使用的水量，可以看作是对下游地区水量的购买。小清河流域超额水量主要是用于农业灌溉。山东省自 2014 年实行的农业水价改革中，选取了禹城、安丘、沂源、博兴和莒南 5 个县（市）作为试点地区，其中禹城和博兴是引河灌溉的代表（王薇，2016）。按照市场定价机制，综合考虑工程费用、人工费、电费和设施折旧等因素，禹城市的引河灌溉总成本为 0.85 元/立方米，博兴的引河灌溉分为自流灌溉和提水灌溉，其中自流片区灌溉的总成本为 0.44 元/立方米，提水片区的灌溉总成本为 0.66 元/立方米。为更好地遏制超量用水行为，这里选择引河灌溉的最高价 0.85 元/立方米作为单位水量赔偿价格。

**3. 各区域超量用水补偿额**

根据区域的超额用水数量，结合水资源市场价格，计算得到小清河潍坊区域因超量用水而应缴纳的补偿金，为 3400 万元。

### 8.3.3.3 惩罚性补偿数额的综合测算

将基于水质和水量的惩罚性补偿金额耦合叠加，得到小清河各区域基于负外部性行为而需要被惩罚的金额。结果如表 8 - 14 所示。

表 8 - 14 　　　　　　小清河各区域惩罚性补偿金额 　　　　　　单位：万元

| 计算方式 | 济南 | 滨州邹平 | 淄博 | 滨州博兴 | 东营 | 潍坊 |
|---|---|---|---|---|---|---|
| 基于水质的惩罚额 | - 1540.79 | - 3281.14 | - 4267.69 | - 3730.14 | - 1963.77 | — |
| 基于水量的惩罚额 | 0.00 | 0.00 | 0.00 | 0.00 | 0.00 | - 3400.00 |
| 综合惩罚额 | - 1540.79 | - 3281.14 | - 4267.69 | - 3730.14 | - 1963.77 | - 3400.00 |

资料来源：笔者计算整理。

## 8.3.4 小清河流域双向生态补偿标准的调整

### 8.3.4.1 双向生态补偿量的耦合

双向补偿将利益主体生态保护的正外部性行为和对流域生态环境污染的负外部性行为都考虑在内，其对应的综合补偿量为保护性补偿额与惩罚性补偿额之和。

当基于水质和水量的补偿核算同时需要受偿或支付时，存在计算上的重叠。通过征询相关专家学者的建议，考虑到基于水质的补偿额中包含部分水量的影响，难以准确区分，因此从基于水量的补偿角度入手，对水量单独核算部分的补受偿金额予以一定比例的去除，来体现整个补偿中水量补偿的重叠部分。通过专家打分和反复探讨，在保护性补偿与惩罚性补偿中，当基于水质水量的补偿和赔偿同步进行时，选择50%的水量金额①比例来抵消双向补偿中的耦合效应；当两者的补受偿方向不一致时，将两者叠加汇总，得到综合补偿量。

以济南为例，在保护性补偿中，由于水质方面保护贡献不突出，因

---

① 水量补偿额中包括水源地保护分摊额和超用水量补偿额，水源地的分摊额是固定不变的，这里用来抵消耦合作用的水量补偿额是指超量用水的补偿额。

此只计算水量的补偿量。惩罚性补偿中，不存在超用水行为，因此核算水质的赔偿额。耦合后的综合补偿额为 11937.44 万元。滨州邹平段的综合测算中，保护性补偿中只有水量补偿额，不考虑耦合影响，惩罚性补偿额中，没有超量用水的惩罚则也不需考虑耦合影响，因此滨州邹平段将保护性与惩罚性补偿额叠加后即为最终的补偿额度 1227.08 万元。以此类推，可得到小清河流域其他区域耦合后的双向补偿量。具体核算结果如表 8-15 所示。

表 8-15　　　　　　小清河流域各区域双向补偿量的耦合　　　　单位：万元

| 计算方式 | 济南 | 滨州邹平 | 淄博 | 滨州博兴 | 东营 | 潍坊 |
|---|---|---|---|---|---|---|
| 保护性补偿量 | 13478.23 | 17987.81 | 22604.29 | 17180.82 | 8362.52 | 0.00 |
| 惩罚性补偿量 | -1540.79 | -3281.14 | -4267.69 | -3730.14 | -1963.77 | -3400.00 |
| 耦合后双向补偿量 | 11937.44 | 14706.67 | 18336.6 | 13450.68 | 6398.75 | -3400.00 |

资料来源：笔者计算整理。

结果表明，小清河各区域双向补偿量核算时，都不存在水质改善与水量增加同步、水质恶化与超量用水同步的情况，因此耦合后的双向补偿金额结果不变。

### 8.3.4.2　基于经济水平的双向补偿量调整

#### 1. 区域经济发展水平评价

在现有研究的基础上，结合小清河流域的实际特征，遵循科学合理、代表性、系统一致性和可操作性的原则，选取了 10 个指标构建区域经济发展水平评价指标体系，对小清河流域中 5 个行政区域的经济水平做出科学评判。

表 8－16  小清河流域 2016 年各区域经济状况数据

| 区域 | 人均GDP（万/人） | 人口（万人） | 社会固定资产投资额（亿元） | 公共支出占GDP比重（%） | 人均工业产业产值（万/人） | 人均第三产业产值（万/人） | 万元GDP废水排放量（吨） | 城镇居民可支配收入（元/人） | 农村居民可支配收入（元/人） | 社会消费品零售总额（亿元） |
|---|---|---|---|---|---|---|---|---|---|---|
| 济南 | 9.04 | 723.31 | 3974.30 | 0.11 | 2.60 | 5.32 | 5.28 | 43052.00 | 15346.00 | 3764.78 |
| 滨州 | 6.35 | 389.10 | 2156.60 | 0.13 | 2.66 | 2.81 | 13.05 | 30583.00 | 13736.00 | 889.70 |
| 淄博 | 9.41 | 468.69 | 3099.80 | 0.09 | 4.33 | 4.15 | 8.01 | 36436.00 | 15674.00 | 2155.03 |
| 东营 | 16.32 | 213.21 | 2472.50 | 0.08 | 9.77 | 5.60 | 5.50 | 41580.00 | 14999.00 | 789.72 |
| 潍坊 | 5.90 | 935.70 | 5112.50 | 0.12 | 2.39 | 2.66 | 9.76 | 33609.00 | 16098.00 | 2514.85 |

资料来源：《山东省统计年鉴 2016》。

表 8－16 为评价指标的原始数据。对指标评价体系中各区域的指标数据进行整理分析，数据主要来源于《山东省统计年鉴 2016》。其中，人均 GDP 由地区 GDP 总量除以人口总量得到，公共支出占 GDP 比重由地方政府年预算支出除以 GDP 得到；人均第二、第三产业产值由地区各产业总产值除以人口数量得到；万元 GDP 污水排放量由地区年污水排放总量除以 GDP 总量得到。

（1）基于主成分分析法的经济发展水平评价。

数据标准化处理及相关系数矩阵构建。对小清河流域评价指标的原始数据进行标准化后，得到对应的相关系数矩阵，如表 8－17 所示。

表 8－17  相关性矩阵

| 相关性 | $X_1$ | $X_2$ | $X_3$ | $X_4$ | $X_5$ | $X_6$ | $X_7$ | $X_8$ | $X_9$ | $X_{10}$ |
|---|---|---|---|---|---|---|---|---|---|---|
| $X_1$ | 1.000 | -0.319 | 0.367 | -0.692 | 0.936 | 0.919 | -0.693 | 0.825 | 0.591 | 0.214 |
| $X_2$ | -0.319 | 1.000 | 0.627 | 0.497 | -0.413 | -0.148 | 0.105 | -0.030 | -0.226 | 0.743 |
| $X_3$ | 0.367 | 0.627 | 1.000 | -0.092 | 0.156 | 0.557 | -0.467 | 0.608 | 0.519 | 0.884 |
| $X_4$ | -0.692 | 0.497 | -0.092 | 1.000 | -0.702 | -0.550 | 0.642 | -0.477 | -0.659 | 0.082 |
| $X_5$ | 0.936 | -0.413 | 0.156 | -0.702 | 1.000 | 0.725 | -0.541 | 0.626 | 0.418 | -0.038 |
| $X_6$ | 0.919 | -0.148 | 0.557 | -0.550 | 0.725 | 1.000 | -0.751 | 0.926 | 0.678 | 0.479 |
| $X_7$ | -0.693 | 0.105 | -0.467 | 0.642 | -0.541 | -0.751 | 1.000 | -0.710 | -0.574 | -0.428 |
| $X_8$ | 0.825 | -0.030 | 0.608 | -0.477 | 0.626 | 0.926 | -0.710 | 1.000 | 0.720 | 0.562 |
| $X_9$ | 0.591 | -0.226 | 0.519 | -0.659 | 0.418 | 0.678 | -0.574 | 0.720 | 1.000 | 0.291 |
| $X_{10}$ | 0.214 | 0.743 | 0.884 | 0.082 | -0.038 | 0.479 | -0.428 | 0.562 | 0.291 | 1.000 |

该相关系数矩阵的 KMO 为 0.625，巴特利特球形检验在 1% 的水平下显著，适合做主成分分析。从相关系数矩阵中可以看出，指标两两之间相关系数的绝对值多数都在 0.3 以上，其中人均 GDP 指标 $X_1$ 与人均工业产值 $X_5$ 和人均第三产业产值 $X_6$ 的相关系数在 0.9 以上，人均第三产业产值 $X_6$ 与城镇居民可支配收入 $X_8$ 高度相关。

主成分个数确定。利用 SPSS 20 软件，对标准化的数据进行分析，依据各指标的特征值和方差贡献率确定主成分的个数，从表 8 - 18 和碎石图图 8 - 5 中可以看出，前两个主成分的初始特征值大于 1，累积方差为 83.04%，即包含了原始数据的信息总量达到 83.04%，超过了规定的 80%，基本上保留了原来指标的信息，且起到了降维作用。因此前两个主成分代表原有的 10 个指标评价区域的经济发展水平已经具有足够的代表性。

表 8 - 18　　　　　　　　　　　　　总方差解释

| 成分 | 初始特征值 | | | 提取载荷平方和 | | |
|---|---|---|---|---|---|---|
| | 总计 | 方差百分比（%） | 累积% | 总计 | 方差百分比（%） | 累积% |
| 1 | 5.598 | 55.983 | 55.983 | 5.598 | 55.983 | 55.983 |
| 2 | 2.705 | 27.054 | 83.037 | 2.705 | 27.054 | 83.037 |
| 3 | 0.678 | 6.783 | 89.820 | | | |
| 4 | 0.444 | 4.441 | 94.261 | | | |
| 5 | 0.353 | 3.532 | 97.793 | | | |
| 6 | 0.117 | 1.172 | 98.966 | | | |
| 7 | 0.074 | 0.742 | 99.708 | | | |
| 8 | 0.017 | 0.171 | 99.879 | | | |
| 9 | 0.012 | 0.117 | 99.996 | | | |
| 10 | 0.000 | 0.004 | 100.000 | | | |

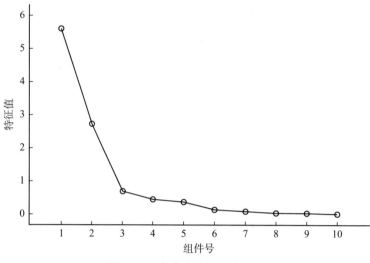

图 8 - 5　主成分特征值的碎石

主成分意义解释。利用 SPSS 得到各评价指标与两个主成分间的初始载荷因子向量。从表 8 - 19 中可以看出，第一主成分中，$X_1$、$X_6$、$X_8$、$X_7$、$X_4$、$X_5$ 和 $X_9$ 的系数远高于其他指标的系数，占有比较高的比重，说明该主成分主要是人均 GDP、人均第三产业产值、城镇居民可支配收入、万元 GDP 废水排放量、人均工业产值和公共支出占 GDP 比重指标的综合反映，可代表区域经济发展中的产业结构状况；第二主成分中，总人口 $X_2$、固定资产投资总额 $X_3$ 和社会消费品零售额 $X_{10}$ 展现出较高的相关性，可作为区域经济在投资、消费领域的综合反映，体现了经济的发展规模。

表 8 - 19　　　　　　　　　　因子载荷系数

| 主成分 | $X_1$ | $X_2$ | $X_3$ | $X_4$ | $X_5$ | $X_6$ | $X_7$ | $X_8$ | $X_9$ | $X_{10}$ |
|---|---|---|---|---|---|---|---|---|---|---|
| 1 | 0.93 | -0.15 | 0.59 | -0.72 | 0.77 | 0.95 | -0.83 | 0.92 | 0.78 | 0.45 |
| 2 | -0.23 | 0.94 | 0.75 | 0.48 | -0.43 | 0.04 | -0.03 | 0.16 | -0.02 | 0.87 |

主成分得分及区域综合评价。根据主成分得分系数矩阵中的相关系数，得到第一主成分与第二主成分得分的函数关系式分别为：

$$F_1 = 0.165X_1 - 0.027X_2 + 0.105X_3 - 0.128X_4 + 0.138X_5 + 0.170X_6 -$$

$0.148X_7 + 0.165X_8 + 0.140X_9 + 0.081X_{10}$

$F_2 = -0.085X_1 + 0.347X_2 + 0.279X_3 + 0.179X_4 - 0.157X_5 + 0.014X_6 - 0.012X_7 + 0.059X_8 - 0.009X_9 + 0.322X_{10}$

在测算出各主成分函数关系表达式的基础上，结合各主成分在经济发展水平整体评价中的权重和 10 个指标的标准化数据，根据公式（5-4）就可计算小清河流域中济南、滨州邹平等区域经济的综合评价得分 $F = 5.598F_1 + 2.705F_2$，根据综合得分情况可以排出各区域经济发展水平的名次，如表 8-20 所示。

表 8-20　　　　　　主成分得分及综合评价排序

| 区域段 | $F_1$ 得分 | $F_2$ 得分 | 综合评价得分 | 名次 |
|---|---|---|---|---|
| 济南 | 1.0094 | 1.0320 | 8.4419 | 1 |
| 滨州 | -0.5801 | -0.5211 | -4.6567 | 5 |
| 淄博 | 0.6916 | -0.3218 | 3.0011 | 4 |
| 东营 | 1.8169 | -1.8719 | 5.1073 | 2 |
| 潍坊 | 0.0424 | 1.1070 | 3.2315 | 3 |

注：综合评价得分中的正负只是表示该区域与平均水平间的位置关系，其中平均水平为零点。

从表 8-20 中结果可以看出，小清河流域流经的 5 个地市中，济南的综合评价得分最高，说明其经济发展水平较高；其次为东营、潍坊和淄博；滨州的综合得分最低，经济发展最为落后。

（2）基于 TOPSIS 法的区域经济发展水平评价。

按照第 5 章论述的 TOPSIS 法的相关步骤，对各指标赋予相应权重后，计算小清河流域中的五个行政区域与正负理想点的距离，依据综合评价值判断区域经济发展状况。

数据标准化。采用相对偏差值法对评价指标体系中的数据进行归一化处理，小清河流域经济发展水平指标评价体系中的 10 个指标均为正向型指标，依据公式（5-3），得到评价指标的标准化矩阵 $R' = (X_{ij})_{5 \times 10}$，如表 8-21 所示。

表 8 – 21 小清河流域经济发展水平的标准化矩阵

| 区域 | $X_1$ | $X_2$ | $X_3$ | $X_4$ | $X_5$ | $X_6$ | $X_7$ | $X_8$ | $X_9$ | $X_{10}$ |
|------|------|------|------|------|------|------|------|------|------|------|
| 济南 | 0.30 | 0.71 | 0.61 | 0.69 | 0.03 | 0.90 | 0.00 | 1.00 | 0.68 | 1.00 |
| 滨州 | 0.04 | 0.24 | 0.00 | 1.00 | 0.04 | 0.05 | 1.00 | 0.00 | 0.00 | 0.03 |
| 淄博 | 0.34 | 0.35 | 0.32 | 0.34 | 0.26 | 0.51 | 0.35 | 0.47 | 0.82 | 0.46 |
| 东营 | 1.00 | 0.00 | 0.11 | 0.00 | 1.00 | 1.00 | 0.03 | 0.88 | 0.53 | 0.00 |
| 潍坊 | 0.00 | 1.00 | 1.00 | 0.73 | 0.00 | 0.00 | 0.58 | 0.24 | 1.00 | 0.58 |

确定指标权重。小清河流域经济发展水平的各评价指标的平均值：

$$\overline{X} = (0.34, 0.46, 0.41, 0.55, 0.27, 0.49, 0.39, 0.52, 0.61, 0.41)$$

各评价指标的标准差为：

$$S = (0.40, 0.39, 0.41, 0.39, 0.42, 0.46, 0.42, 0.42, 0.38, 0.42)$$

依据公式（5 – 12）得到 10 个评价指标的变异系数分别为：

$$V = (1.19, 0.86, 0.99, 0.70, 1.60, 0.94, 1.06, 0.81, 0.63, 1.00)$$

将变异系数标准化处理后，得到各评价指标的权重分别为：$V_1 = 0.12$；$V_2 = 0.09$；$V_3 = 0.10$；$V_4 = 0.07$；$V_5 = 0.16$；$V_6 = 0.10$；$V_7 = 0.11$；$V_8 = 0.08$；$V_9 = 0.06$；$V_{10} = 0.10$。

正负理想点的计算。将评价指标赋予相应权重后，可推算出加权后的指标值。正理想点是由小清河流域 5 个评价区域中各个评价指标值的最大值构成，负理想点则是由小清河流域 5 个评价区域中各评价指标值的最小值组成。具体结果如表 8 – 22 所示。

表 8 – 22 小清河流域经济水平评价中的正负理想点

| 理想点 | $X_1$ | $X_2$ | $X_3$ | $X_4$ | $X_5$ | $X_6$ | $X_7$ | $X_8$ | $X_9$ | $X_{10}$ |
|--------|------|------|------|------|------|------|------|------|------|------|
| 正理想点 | 0.12 | 0.09 | 0.10 | 0.07 | 0.16 | 0.10 | 0.11 | 0.08 | 0.06 | 0.10 |
| 负理想点 | 0.00 | 0.00 | 0.00 | 0.00 | 0.00 | 0.00 | 0.00 | 0.00 | 0.00 | 0.00 |

贴近度的计算。判断区域贴近度的大小，应先计算出济南、滨州邹平等 5 个评价对象与正负理想点的距离，再确定各区域与正理想点的相对接近程度。根据公式（5 – 10），小清河流域各区域与正负理想点的欧氏距离和贴近度如表 8 – 23 所示。

表 8 - 23                          小清河流域各区域与理想点的距离及贴近度

| 区域 | 与正理想点的距离 d + | 与负理想点的距离 d – | 贴近度 | 排序 |
|---|---|---|---|---|
| 济南 | 0.218 | 0.196 | 0.474 | 2 |
| 滨州 | 0.286 | 0.132 | 0.316 | 5 |
| 淄博 | 0.209 | 0.128 | 0.381 | 4 |
| 东营 | 0.209 | 0.239 | 0.534 | 1 |
| 潍坊 | 0.243 | 0.181 | 0.427 | 3 |

根据贴近度的大小，将小清河流域 5 个行政区域的经济发展水平进行排序，从大到小依次为：淄博、济南、潍坊、东营和滨州。东营的贴近度为 0.534，最接近于 1，说明其经济发展中的各项指标最为完美，经济发展状况较优；滨州的贴近度最小，说明在 5 个区域中，滨州的经济发展水平最为落后。

基于 TOPSIS 法得到的评价结果与主成分分析的结果相比，滨州、淄博都为流域中的落后地区，具有一致性，只是区域排名方面两者存有偏差。基于主成分分析法的测算结果中，济南的经济实力最强；而基于 TOPSIS 法测算结果中，东营的经济发展水平在整个流域中处于领先地位。这主要是由于各评价指标被赋予的权重差异所造成的。

**2. 双向补偿标准调整额的确定**

基于主成分分析法的经济发展水平评价中，通过与流域平均得分相比，确定各区域的补受偿标准调整系数。其中由于滨州的得分为负数，需先按照与平均值相差的距离将平均值转换为对应距离的负数再进行对比。结果表明：有 3 个区域综合评价得分高于流域均值，说明济南、东营和潍坊的经济实力较强，在流域中属于发达地区，按照理论标准进行补受偿。滨州和淄博的综合评价得分低于流域均值，属于流域中的落后区域，应得到生态补偿的倾斜。

基于 TOPSIS 法的经济发展水平评价中，各区域的贴近度与流域平均贴近度相比，高于流域平均接近度的看作为流域中的经济发达地区，低于平均贴近度的看作为流域中的经济发展贫困地区。结果表明：东营、济南和潍坊的贴近度在流域平均值之上，说明其有一定的支付补偿能力，可按照理论补受偿标准执行；滨州和淄博的贴近度在流域平均值之下，补受偿标准应通过调整系数进行矫正。

综合考虑两种方法的计算结果，可明确滨州、淄博两地区的经济发展状况较差，主要是由于产业结构不合理、地理位置及经济基础等因素造成的，需要调整系数来进一步激励其参与生态补偿的动力。调整系数为两种方法计算结果的平均值，结果如表 8 – 24 所示。

表 8 – 24　　　　　　　　补受偿调整系数

| 计算方式 | | 济南 | 滨州 | 淄博 | 东营 | 潍坊 |
|---|---|---|---|---|---|---|
| 主成分分析 | 补偿调整系数 | 1.00 | 0.38 | 0.99 | 1.00 | 1.00 |
| | 受偿调整系数 | 1.00 | 2.65 | 1.01 | 1.00 | 1.00 |
| TOPSIS 法 | 补偿调整系数 | 1.00 | 0.74 | 0.8929 | 1.00 | 1.00 |
| | 受偿调整系数 | 1.00 | 1.35 | 1.12 | 1.00 | 1.00 |
| 最终 | 补偿调整系数 | 1.00 | 0.56 | 0.94 | 1.00 | 1.00 |
| | 受偿调整系数 | 1.00 | 2.00 | 1.06 | 1.00 | 1.00 |

根据 5.4 节的论述，将补受偿调整系数代入到区域的综合补偿额中，得到 2016 年小清河流域各区域调整后的双向补偿金额，如表 8 – 25 所示。

表 8 – 25　　　　　　小清河流域双向生态补偿额调整　　　　　　单位：万元

| 补偿标准 | 济南 | 滨州邹平 | 淄博 | 滨州博兴 | 东营 | 潍坊 |
|---|---|---|---|---|---|---|
| 双向补偿额 | 11937.44 | 14706.67 | 18336.60 | 13450.68 | 6398.75 | – 3400.00 |
| 调整系数 | 1.00 | 2.00 | 1.06 | 2.00 | 1.00 | 1.00 |
| 调整后补偿额 | 11937.44 | 29413.34 | 19436.80 | 26901.36 | 6398.75 | – 3400.00 |

资料来源：笔者计算整理。

## 8.3.5　小清河流域双向补偿量的逐级测算及结果分析

小清河流域双向补偿标准确定后，采用省级部分参与的逐级补偿方式开展。逐级补偿模式有效去除了上游行为对区域自身行为贡献的影响，可准确厘定各区域的实际行为贡献，提高生态补偿效率。

双向补偿金额进行相应系数调整后，兼顾了区域的支付能力和经济发展差异。在逐级补偿过程中，调整后的数额需要与相邻的上下游进行补偿，当相邻区域间的补受偿金额不对等时，需要省级政府进行调控，对区域超出实际补偿数量的部分进行相应补助。以滨州博兴为例，补偿标准调整前应向其上游淄博补偿 18336.60 万元，补偿标准调整后淄博的受偿额增至为 19436.80 万元，多余出来的 1100.20 万元应由省政府代为支付，以实现对淄博重点倾斜的同时不损害下游滨州博兴的利益。综合逐级补偿及省政府补助后，各区域的实际补偿数额如表8－26 所示。

表 8－26　　　　　　小清河流域各区域双向补偿的实际数额　　　　单位：万元

| 计算方式 | 济南 | 滨州邹平 | 淄博 | 滨州博兴 | 东营 | 潍坊 | 省政府 |
|---|---|---|---|---|---|---|---|
| 双向补偿额 | 11937.44 | 14706.67 | 18336.60 | 13450.68 | 6398.75 | －3400.00 | — |
| 双向补偿调整额 | 11937.44 | 29413.34 | 19436.80 | 26901.36 | 6398.75 | －3400.00 | — |
| 省政府支付额 | 0.00 | 14706.67 | 1100.20 | 13450.68 | 0.00 | 0.00 | －29257.55 |
| 逐级实际补偿额 | 11937.44 | 17475.90 | 4730.13 | 8564.76 | －7051.93 | －9798.75 | －25857.55 |

资料来源：笔者计算整理。

由表 8－26 中结果可知，小清河流域双向生态补偿中，济南、滨州邹平、淄博和滨州博兴段的综合生态保护贡献突出，获得相应的补偿，体现了公平性，有利于增强其对流域生态保护的积极性。东营和潍坊则因综合生态污染或破坏贡献显著，需要为自身行为付出相应代价。相比于目前仅以水质为衡量指标的补偿结果，兼顾了水质水量和经济发展水平的双向补偿标准测算更加科学合理，符合实际。

具体来看，2016 年小清河原有的补偿结果为济南和淄博各获得补偿 0 元和 180 万元，滨州、东营和潍坊分别需要支付 340 万元、950 万元和 70 万元。双向补偿结果与之相比，济南和滨州段的补受偿情况有所变化，主要是双向补偿中增加了水量指标所致。从补偿额上看，双向补偿的测算结果激励性更强，惩罚力度更大。且东营广饶的支付额仅占其当年 GDP 总量的 0.09%，潍坊寿光的支付额仅占其当年 GDP 总量的 0.13%，与相似流域淮河流域中黄涛珍（2013）计算的补偿金额占支付地区 GDP 总量的 1.86% 相比，政府的财政压力较小，区域完全能够承担，在可支付范围内，具有较强的可操作性。

## 8.4　小清河流域补偿资金的层级筹集与分配

现有研究多停留在流域各地市的补受偿金额厘定上，本章在此基础上进一步细化分析，研究小清河流域各区域具体的层级资金筹集与分配，为流域生态补偿的实际应用提供指导。考虑到现实中小清河流域人口、企业等相关数据的统计难度，结合第7章中的论述，这里只讨论区县一级资金的筹集与分配情况。

### 8.4.1　区县资金的筹集

资金的层级筹集主要是针对需要支付的区域而言，根据8.3节的补偿结果，东营和潍坊需要对自身行为做出补偿。小清河东营段流经的区县为广饶县，潍坊段流经的区县为寿光市，两个区域都是单一区县，补偿资金均从流经的区县中征缴，因此不存在区县间的资金层级筹集。

### 8.4.2　区县资金的分配

资金的层级分配是针对受偿区域而言。小清河流域中济南、滨州邹平、淄博和滨州博兴段获得生态补偿金。济南段补偿资金需要在小清河流经的槐荫区、天桥区、历城区和章丘区四个区县中合理分配，淄博段的补偿资金需要在高青和桓台县间进行分配，滨州邹平和滨州博兴本身属于区县，在此不进行资金再分配。

以淄博市为例进行补偿资金层级分配的瞄准分析。鉴于数据更新的时滞性，资料来源于最新的《淄博市统计年鉴2016》。

（1）生态保护贡献。由于缺乏高青县和桓台县污染物消减量的直接材料，故采用间接方法，通过淄博市的污染物消减量和各区县的人口比例计算得到。2015年淄博市COD的消减量为1285万吨，氨氮的消减量为90万吨。总人口数为429.6万人，其中桓台县的人口为50.2万人，高青县的人口为36.8万人。计算得知，桓台县的COD和氨氮的消减量分别为 150.16 万吨、10.52 万吨。高青县 COD 和氨氮的消减量分别为 110.07 万吨、7.71 万吨。根据第 7 章的公式（7-11），得到桓台县的生态保护贡献为：$A_h = 0.58$；高青县的生态保护贡献为：$A_g = 0.42$。

（2）生态保护牺牲。2015 年桓台县的第一产业产值的增长速度为 4.2%，第二产业的增长速度为 4.9%；高青县的第一产业增长速度为 8.3%，第二产业的增长速度为 8.4%。选取与两区县具有相似生产结构和发展水平的沂源县作为参考对象，其第一产业和第二产业的增长速度分别为 4.4% 和 9.1%。根据公式（7-12）可知，桓台县的生态保护牺牲为：$X_h = 0.77$；高青县的生态保护牺牲为：$X_g = 0.23$。

（3）经济发展水平。2015 年桓台县的人均 GDP 为 10.05 万元/人，高青县的人均 GDP 为 5.11 万元/人，根据公式（7-13）得到桓台县的经济发展水平为：$G_h = 0.66$；高青县的经济发展水平为：$G_g = 0.34$。

（4）资源禀赋。桓台县内的小清河河道长为 18.78 千米，高青县内的小清河河道长为 23.76 千米。根据公式（7-14）得到桓台县的资源禀赋为：$Z_h = 0.44$；高青县的资源禀赋为：$Z_g = 0.56$。

综上所述，根据公式（7-15）和（7-16）得到淄博市获得的补偿资金的具体分配情况，这里各影响因子的权重取同等均值，其中桓台县应分配的资金额为：$K_h = 2897.20$ 万元；高青县应分得的资金额为：$K_g = 1832.93$ 万元。

与之相似，也可计算得到济南市内槐荫区、历城区、天桥区和章丘区各自应分配的补偿金。具体如表 8-27 所示。

表 8-27　　　　　　　　济南市的区县资金分配表

| 区县 | 生态保护贡献 | 生态保护牺牲 | 经济发展水平 | 资源禀赋 | 分配比例 | 资金分配量（万元） |
|---|---|---|---|---|---|---|
| 槐荫区 | 0.00 | 0.49 | 0.28 | 0.17 | 0.31 | 3740.40 |
| 历城区 | 0.00 | 0.20 | 0.22 | 0.16 | 0.19 | 2307.91 |
| 天桥区 | 0.00 | 0.17 | 0.25 | 0.45 | 0.29 | 3461.86 |
| 章丘区 | 0.00 | 0.14 | 0.25 | 0.22 | 0.20 | 2427.28 |

资料来源：笔者根据《济南市统计年鉴 2016》的相关数据整理计算所得。

# 8.5　小清河流域双向生态补偿运行保障机制

流域双向生态补偿机制在小清河的模拟应用，得到了符合生态状况和现有经济发展水平的补偿结果，验证了该双向生态补偿机制的可行性。但在实证应用过程中，也发现一些不足和改进之处，如小清河水质、水量监测地点不完全匹配，人工监测的方式导致监测时间也难以统一；双向生态补偿机制倡导上下游间的自觉补偿，但当矛盾冲突出现时，缺乏相应的仲裁机制；作为经济手段维护流域生态的双向补偿机制与其他生态治理手段间的协同有待提高等。

流域双向补偿的顺利开展离不开其他措施的完善和保障，针对小清河流域双向生态补偿中出现的弊端和不足，保障其有效实施的措施主要包括完善流域监测体系、构建争议仲裁机制和相关政策协同优化等。

## 8.5.1　完善流域监测体系

水质、水量作为小清河流域双向生态补偿的衡量指标，是开展实施生态补偿的主要依据。水质、水量监测信息的准确度直接决定补偿结果的科学性，因此有必要建立完善的流域监测体系，对小清河流域的水质、水量进行实时记录，及时反映各区域的居民、企业、地方政府等利益主体对小清河流域生态环境的影响。目前我国构建了全国主要流域重点断面水质监测网络，对全国七大水系中 148 个流域断面的水质情况进行实时监测，有利于掌握我国整体的流域生态状况。但具体到某流域中，由于观测点设置不均匀，仍难以体现小型河流的生态变化。小清河流域目前尚未实现自动实时监测，仍以人工监测为主，且水质和水量分别由环保局和水文局负责，导致水质监测点和水量监测点在位置和数量上不对等，数据间的一致性较弱，难以满足双向生态补偿的需求。

根据小清河流域的水质状况和水量变化，构建并完善监测网络体系，以获得更加详细、全面的信息。对各交界断面的水质、水量指标进行实时监测，记录各断面处水质水量的生态变化，形成基本的数据库，并以此为基础核算小清河各区域流域生态资源价值的变化情况，为双向生态补偿标准的计量和补偿资金的征发提供科学支撑。

此外，可根据各区域段的流域生态状况、水质改善目标、干旱季节影响等对小清河流域的水质水量指标标准设置不同的等级，实施共同但有差别的责任，提高生态补偿效果。小清河流域监测体系的完善，也有利于对流域内各利益主体的行为进行监督、评估，根据水质水量的具体变化方向和幅度适时的调整操作，促进补偿的科学合理性，推动流域双向补偿向理想目标演进。

## 8.5.2　构建并完善争议仲裁机制

小清河流域双向生态补偿中，利益关系复杂，矛盾纠纷时常发生。构建并完善争议仲裁机制，可有效调节上下游间或区域内部出现的矛盾，划清责任归属，合理维护流域利益主体的合法权益。

小清河流域双向生态补偿中的每个环节出现争议或纠纷，且在协商调解后仍不能解决的情况下，都可采用仲裁手段，以减少补偿实施中的障碍，保障双向生态补偿机制的顺利运行。仲裁范围主要包括三部分内容：一是利益主体的界定。小清河流域中存在多个直接与间接的利益主体或核心与非核心的利益主体，各利益主体为维护自身利益最大化，违约现象突出。当出现补偿者不履行职责时，需要仲裁机构进行仲裁裁决，准确厘定补受偿主体，明确责任。二是补偿中的补偿标准核算冲突。双向生态补偿中利益双方对补偿标准的核算指标、核算方法或期限存有争议时，通过仲裁判定双方都能够接受的科学标准，统一补偿额的核算体系。三是补偿资金筹集分配存有异议时，可按照相应的法律规定做出仲裁裁决。

流域生态补偿中的仲裁机构属于双向生态补偿中的第三方，应配备专业的从业人员，当补偿过程中存在利益冲突时，能够做出客观、公正的裁决。仲裁实施的具体流程为相关利益主体首先进行仲裁申请，随后仲裁机构对符合受理条件的争议事项进行受理。裁判的依据是相关的法律法规。我国目前在生态补偿领域的法律规定尚不完善，但近几年已加快了立法步伐，出台了多项法律政策对流域生态补偿的基本流程和关键要点进行了明确规定。国家层面代表性的主要有《环保法》《水污染防治行动计划》（以下简称"水十条"）、《关于健全生态保护性补偿机制的实施意见》等。地方层面也是对流域生态补偿机制的具体实施进行了规定。如《新安江生态补偿机制试点》《小清河流域生态环境综合治理》《贵州省清水江流域水污染补偿办法》等。流域生态补偿的仲裁应依据相应的法规条文，及时地做出处理。

为进一步完善小清河流域双向生态补偿的仲裁体系，政府应制定并出台相关的法律法规，为仲裁程序赋予法律的合法性和权威性。争议双方应严格遵守执行仲裁结果，否则追究相应的法律责任。

## 8.5.3　相关政策制度协同优化

为保障小清河流域双向生态补偿机制的顺利实施，相关政策制定实行时应将生态补偿考虑在内，与流域双向生态补偿机制进行有效结合，实现政策间的协同优化。

（1）"河长制"协同。为改善流域生态环境、加强水污染防治，我国每条河流都配备了河长，2016年12月《关于全面推行河长制的意见》更是为"河长制"的全面实施提供了指导。河长制是将各级行政领导作为负责人，运用行政手段进行流域生态环境的修复和维护。生态补偿则是采用经济手段开展的流域生态环境治理。两者是从两个角度出发为完成同一个目的，是相辅相成的，不存在利益冲突。"河长制"的出台为流域双向生态补偿机制的实施扫除了众多阻碍，进一步推动了生态补偿的高效发展。生态补偿中应合理利用"河长制"优势，借用行政力量协调各部门，降低机制运行成本，简化补偿流程，实现流域双向生态补偿与"河长制"的协同耦合。

（2）财政政策协同。针对目前小清河流域生态补偿以财政转移支付为主的现状，将生态补偿资金纳入山东省及各地方政府的公共支出体系，使之成为财政合理支出的一部分，保证补偿资金的稳定性。

调整健全的税制体系。2016年我国将水资源费改为水资源税进行征收，理顺了流域保护与法律支持的关系。党的十二届全国人大常委会通过并于2018年1月1日起实行的环境保护税的征收，进一步完善了现有税制。作为我国首部绿色生态税，对流域环境保护税的征缴做出了明确规定，指出对直接排放污染流域环境、污染物未经处理或处理未达到国家标准的企业、行政单位应缴纳环保税。对于流域处于长期污染状态的，给予一定的缓冲期和适应期，采用逐步征收、差别税率的方式，逐渐实现流域生态环境的改善。现有税制仍存在不足和完善之处。小清河流域双向生态补偿中，应对周边的环保企业进行免税或采取一定的税收优惠。此外，现有的环保税中明确要求对农业生产排污行为不征税，为保证流域生态，应加强监管，提高居民的环保意识，并采用对生产高污染产品征税的方式，从源头上杜绝污染。

财政政策与生态补偿的协同，可促进小清河流域双向生态补偿的多样化，更好地实现"污染者付费"。征收的相关税额可用于对保护者补偿和环保设施修建等领域。

（3）生态资产（GEP）核算制度协同。为更好地体现生态环境的重要性，推进生态文明建设，国家鼓励推行生态资产（GEP）核算，明确生态资源的价值。小清河流域生态补偿应与 GEP 核算有效结合，核算出流域各区域的生态价值量的变化，为双向生态补偿的实施提供依据，实现补偿资金的优化配置。

# 8.6　本章小结

小清河在山东省的流域生态维护和经济社会发展中担负着重要职能。本章在分析现有补偿机制的基础上，从双向补偿差异化的角度入手对小清河流域生态补偿机制进行重构，以 2016 年的相关数据为例，厘定流域各利益主体的行为贡献，对补偿资金的分配管理进行深入探讨，提出相应的保障措施为补偿机制的运行夯实基础。

实证结果表明：（1）以流域中 5 个县市政府作为利益主体代表，2016 年在保护性补偿计量中，水源地济南通过投资保护为下游提供了 3.46 亿立方米的用水量，应受到下游的补偿额为 13478.23 万元，滨州邹平、淄博、滨州博兴及潍坊段出境断面因水量保护效应显著，各获得补偿资金 7371.00 万元、14547.00 万元、10842.00 万元和 5772.00 万元。惩罚性补偿计量中，济南、滨州邹平、淄博、滨州博兴、东营因水质超标受到的惩罚金额分别为：1540.79 万元、3281.14 万元、4267.69 万元、3730.14 万元和 1963.77 万元。潍坊因过度用水需支付 3400.00 万元。（2）保护性补偿和惩罚性补偿的核算都是以水质水量作为衡量指标，存在计算金额上的重叠，主要体现为水量对水质的影响。小清河流域水质均为污染状态，为此选择超量用水金额的 50% 作为耦合效应的去除，增强补偿标准核算的科学性。结合双向补偿结果，综合考虑补偿的公平与效率，根据各县市的经济发挥水平进行补偿调整，得到各县市的补偿调整系数和受偿调整系数，有利于促进补偿机制的实践运行。

（3）小清河流域生态补偿实际运作中，为简化交易流程、方便利益主体的理解和接受。采用逐级补偿的模式进行操作，最终得到 2016 年济南、滨州邹平、淄博和滨州博兴在流域双向补偿中实际获得补偿分别为 11937.44 万元、17475.90 万元、4730.13 万元和 8564.76 万元，东营和潍坊则实际分别需要支付 7051.93 万元和 9798.75 万元。

双向补偿的结果可体现出各区域对小清河流域生态的保护状况，将生态、经济等因素综合考虑在内，采用差异化的保护成本和惩罚标准，是对现有流域生态补偿的完善。将补偿金额与当地的 GDP 进行比较，发现补偿金额占 GDP 的比重较小，不会给政府带来太大的财政负担，可促进补偿机制从政策文件到落地实施的转变。具体的资金分配中，按照层级逐次分配的方式，增加了公众的参与度。为减少双向补偿机制运行中的障碍，应该加强水质水量监测网络的构建，实时监控小清河流域的生态变化，为补偿标准的核算提供科学依据。逐渐健全仲裁机制，对补偿中可能存在的利益冲突进行及时有效地解决。小清河流域双向生态补偿作为一项用经济手段解决环保的措施，需要其他环保手段的协同合作，在现有的"河长制"、财政政策、流域生态资产核算等方面兼顾生态补偿的需求，多种政策机制共同作用，推动流域生态经济的可持续发展。

# 第9章 研究结论与展望

流域是以水资源为核心的一定范围内的社会区域，是经济、生态混合的共同体，在社会发展中充当着重要角色，发挥巨大的经济效益和生态功能。流域的可持续发展已成为当前关注的热点，生态补偿作为响应国家绿色发展要求的新型环境管理手段，是生态文明建设的重要组成部分，能够协调流域内生态保护与经济发展间的矛盾。本书在系统梳理归纳现有生态补偿理论研究和实践试点的基础上，结合存在的问题和完善空间，以公共物品理论、外部性理论、生态资本理论和公平正义理论为理论基础，从双向补偿的角度入手，构建流域生态补偿机制，并以山东省小清河流域为例进行实证分析。

## 9.1 主要结论

### 1. 流域关系主体间的利益分析

流域中存在多个相关利益主体，根据流域资源利用保护行为的外溢性，从影响程度、重要性、积极性和利益的迫切程度视角可划分为核心利益主体、次核心利益主体和边缘利益主体。根据补偿的方向差异，可分为补偿主体和受偿主体。从纵向的补偿时间上划分，可分为当代主体和后代主体。在已有的利益主体分类基础上，本书从降低交易成本、方便操作和提高运行效率的角度出发，选用上下游政府作为流域内各利益主体的代表，参与生态补偿机制的运行。

流域生态补偿机制顺利运行的一个重要前提是流域内的利益主体愿意参与且能够按照协议积极执行。利用博弈分析，通过构建演化博弈模型，分析上下游政府行为的演化路径，发现单纯依靠上下游自觉的横向补偿难以实现，需要上级政府的监督调控。在上级参与的演化博弈中，上游净收益的大小是实现期望演化稳定策略的关键。应提高上游保护的所得补偿资金 $R_1$、降低保护成本 $C_1$、增强违约惩处力度 F，促进生态补偿的高效实施。上游作为推进生态补偿运行的重要因素，为带动其保护生态的积极性，上级部门可对其进行一定的补偿，缓解其保护资金压力。通过构建信号博弈模型，推导分析水源地和上级部门的行为路径，发现补偿金额 D、社会损失 J 和惩罚金额 $F_2$、上级的核查费用 g、水源地的保护成本 $C_1$、敷衍成本 $C_2$ 和遮掩违规成本 $C_3$ 是主要影响因素。应增强上级部门的核查力度，提高水源地的违规成本，实现两者间的分离均衡。根据对流域相关利益主体的界定和行为选择分析结果，在补偿机制设计时应考虑以上影响因素，提高补偿机制的应用效率。

### 2. 补偿标准的全面性和差异化

补偿标准是影响流域生态补偿机制运行效果的关键。补偿标准过高易超出行为主体的支付能力，补偿标准较低则会影响行为主体生态保护的积极性。现有的众多补偿金额测算的方法中，成本法最能体现补受偿双方的供给与需求，以成本为依据确定补偿标准，方便计算，且补偿金额易被上下游双方接受。因此本书以成本法为基础进行补偿标准的计量。

基于双向的流域生态补偿机制框架设计，补偿标准的计量要体现全面性和差异化。现有的补偿研究多体现为对上游区域的激励性保护补偿，实践试点中也呈现出对流域利益主体"保护补偿为主，惩罚补偿为辅"的特点。补偿标准测算时应同时兼顾对行为利益主体的保护性补偿和惩罚性补偿，正向激励和反向约束同时发力，保证补偿标准的科学合理。此外，本书中根据流域水资源的特性，除考虑水质因素外，将水量因素也考虑在内，更好地彰显了衡量指标的全面性。本书中补偿标准的差异化主要体现为两个方面：一方面是利益主体对流域生态的保护行为和污染破坏行为的难易度存有差别，为体现两行为贡献的不同，保护性补偿标准测算时采用保护成本进行激励，惩罚性补偿标准测算时采用重置成本进行惩戒。另一方面与以往的"一刀切"不同，本书充分考虑了流域各区域的实际支付水平和经济发展差距。选用人均 GDP 等 10 个指标构建了经济发展水平指标评价体系，采用主成分分析法和 TOPSIS 法衡量流域区域的经济发展状况，确定各区域的补受偿系数，实现对流域各区域补偿标准的调整优化，更好地体现流域生态补偿公平和向贫困弱势群体倾斜的特征，让生态补偿机制更加贴近流域生态与经济协同发展的需求。

### 3. 双向补偿模式的优化选择

流域生态补偿中需要上级管理部门的参与，根据其担任角色及参与程度的不同，可分为无条件的纵向转移支付、基于奖惩的转移支付、上级参与调节和上级调控四种模式。上级参与调节的模式注重上下游间的横向补偿，是生态补偿积极探索并应用的主要倾向。生态逐级补偿作为补偿模式的一种创新，是指按照一定标准进行的流域相邻区域间的补偿，并逐级类推。上级政府的参与主要体现在与流域源头和流域末端间的补偿。生态逐级补偿实行"一对一"的补偿，降低了交易成本，有效去除了上游对本区域的影响，使标准测算更加精准。

双向补偿标准确定后，采用逐级补偿的模式厘清流域中各区域的实际行为贡献，通过上级的参与调节，对标准调整后补偿区域与受偿区域金额不对等情况进行调节补足，保障流域双向补偿机制的顺利实施。

### 4. 补偿资金的具体运作

明确补偿资金来源、做好补偿资金的使用和管理是流域生态补偿中的重要环节，通过对补偿资金运作管理的深入探讨，提出了补偿资金合理筹集与分配的层级模型。补偿资金的具体筹措可分为两个层级进行开展，其中第一层级的资金筹集主体为各区县的资金，可从污染贡献度、资源禀赋度和经济水平三方面衡量确定比例，第二层级的资金筹集主体则为政府、企业和居民，可综合考虑污染贡献和地理位置远近确定各自的分摊量。补偿资金分配的对象是对生态改善或维护做出贡献的利益主体，条件性显著。补偿资金分配的关键是做好"瞄准"。与资金筹集类似，补偿资金的分配依据相应的衡量指标也分为两个层级，其中第一层级为各区县政府，第二层级为直接的利益相关者，包括当地政府、企业和居民等。

补偿资金的管理是生态补偿资金顺利运行的基础和依据，应设立专门的资金管理机构，提高补偿资金的使用效率，同时做好监督与考核工作，严惩资金挪用等违规操作，有效保障补偿资金的高效益发挥。

### 5. 小清河流域双向补偿机制的模拟应用①

基于双向补偿的流域生态补偿机制构建完成后，在小清河流域进行模拟应用。以小清河流域流经的济南、滨州邹平、淄博、滨州博兴、东营和潍坊为利益主体代表，采用综合水质标识指数，以 COD 和氨氮为对象对小清河流域水质进行评价，发现 2016 年小清河流域水质较差，流域整体和 5 个流经区域的综合水质均为 V 类水，其中上游济南污染最为严重。结合水量使用保护情况，小清河流域济南段至东营段的保护性补偿金额分别为 13478.23 万元、17987.81 万元、22604.29 万元、17180.82 万元和 8362.52 万元，潍坊段的保护性补偿为零。惩罚性的补偿标准额济南至潍坊段分别需要支出 1540.79 万元、3281.14 万元、4267.69 万元、3730.14 万元、1963.77 万元和 3400.00 万元。

采用主成分分析法和 TOPSIS 法计算的平均值作为经济发展水平评价结果，发现滨州和淄博两地区的经济发展状况较差，低于流域平均发展水平，相应的补偿调整系数分别为 0.56 和 0.94，受偿调整系数分别为 2.00 和 1.06。按照逐级补偿方式，发现小清河流域中的济南段、滨州邹平段、淄博段和滨州博兴段的保护效益突出，分别可获得 11937.44 万元、17475.90 万元、4730.13 万元和 8564.76 万元的补偿资金，东营段和潍坊段则因综合负外部性显著，各需要支付 7051.93 万元和 9798.75 万元。

### 6. 双向补偿机制的模拟应用结果分析

双向补偿机制与现有的流域生态补偿机制相比，更加全面，不仅考虑了同一利益主体的两种不同性质的行为影响，还兼顾了水质水量两种主要因素，更好地体现了公平合理性。小清河双向补偿机制下测算的补受偿金额与原有补偿机制的核算结果相比，更好地弥补了保护者的牺牲损失，有利于带动利益主体实施生态保护的积极性。为促进小清河流域双向补偿机制的顺利开展，结合补偿中出现的弊端，应做好相应的配套

---

① 数据为笔者计算整理。

保障工作，不断完善该机制，具体包括完善流域水质水量的监测体系、构建科学的争议仲裁制度和相关财政、体制、资源核算政策协同优化等。

## 9.2　进一步需要研究的问题

本书力求研究的科学、严谨，但受制于资料数据获取难度、研究时间和个人学术水平的影响，对流域生态补偿的部分关键点研究不够透彻，需要后续研究来不断完善。主要体现为以下三个方面：

（1）以成本法核算的补偿额激励性不足。现有流域生态补偿标准的测算方法具有多样性，多因统计数据复杂或计量金额过大，而难以应用。利用保护和重置成本核算补偿标准是目前生态补偿实践试点的常用方法。该方法计算简便，减少了因搜集大量烦琐数据而付出的时间成本费用，且测算结果符合现有的经济水平，能够起到对保护者补偿、对污染者惩戒的作用。但该方法计算的补偿数额仅是弥补保护者损失，激励效果不明显。随着区域经济发展水平的提高，今后可将此作为补偿下限，在此基础上进行一定比例的加成确定补偿标准。同时从流域农户的角度的入手，确定农户的补受偿意愿，对补偿标准进行调整，进一步增强可行性。实践中的补偿标准如何做到从成本核算到效益价值核算，是今后需要深入探讨的问题。

（2）水质水量指标耦合效应的精确度不够。以水质、水量指标作为补偿标准核算的主要因素，综合考虑了水资源的质量和数量，指标衡量全面。作为水资源的两个主要特性，水量会对水质产生一定影响，不能将两者的补受偿金额简单加总，需要消除标准核算过程中的耦合效应。由于水资源的复杂性，水质水量间的耦合效应精确计量存有难度，目前的相关研究较少，尚没有较好的方法来厘清水量对水质好坏的影响程度。本书利用专家打分法对量化水质补偿中水量因素的影响及水量对整个流域生态补偿量的影响，为水质水量耦合效应的计量提供了一种思路，但精确度存有不足。如何精确计量水质水量的耦合效应需要进一步研究。

（3）研究范围还需进一步细化。本书以上下游政府作为利益主体代表行使受偿权利和补偿责任，政府补偿方便快捷、交易成本较低、运行效率较高，是流域生态补偿的主要运作方式。但随着生态补偿资金需求的增加和政府财政负担的不断加重，补偿主体的多元化参与是目前生态补偿面临的重要问题。流域生态补偿的基本原则是"谁受益谁补偿、谁保护谁受偿、谁破坏谁补偿"，除政府外，还存在许多其他利益相关者。市场私企、居民直接参与补偿是流域生态补偿未来的发展趋势，本书仅对居民在资金层级筹集与分配方面进行了研究，对市场与公众的具体参与路径尚未涉及，因此探讨各补偿主体和方式的使用条件、明确各补偿主体和方式的比例分摊，带动更多的利益相关者参与其中是今后研究的重要方向。

# 参 考 文 献

[1] Allen A O, Feddema J J. Wetland loss and substitution by the permit program in Southern California [J]. Environmental Management, 1996, 20 (22): 263 –274.

[2] Ambastha K, Hussain S A, Badola R. Social and economic considerations in conserving wetlands of indo-gangetic Plains: A case study of Kabartal wetland in India [J]. Environmentalist, 2007 (27): 261 –273.

[3] Amigues J P, Boulatoff C, Desigues B. The benefits and costs of riparian analysis habitat preservation: A willingness to accept/willingness to pay using contingent valuation approach [J]. Ecological Economics, 2002, 43 (1): 17 –31.

[4] Bienabe E, Hearne R R. Public preferences for biodiversity conservation and scenic beauty within a framework of environmental services payment [J]. Forest Policy and Economics, 2006 (9): 348 –355.

[5] Castro E, Costa Rican. Experience in the charge for hydro environmental services of the biodiversity to finance conservation and recuperation of hillside ecosystems [R]. Paris: OECD, 2001.

[6] Cooper J C, Osborn C T. The effect of rental rates on the Extension of conservation reserve program contracts [J]. American Journal of Agricultural Economics, 1998, 80 (1): 184 –194.

[7] Cuperus R, Caters K J, Piepers A A G. Ecological compensation of the impacts of a road: Preliminary method for the A50 road link [J]. Eeologieal Engineering, 1996, 7 (4): 327 –349.

[8] Costanza R, D'Arge R, De Groot R, et al. The value of the world's ecosystem services and natural capital [J]. Nature, 1997, 387 (15): 253 –260.

[9] Daubert J, Young R. Recreational demands for maintaining in steam flows: a contingent valuation approach [J]. American journal of Agricultural Economics, 1981, 63 (4): 666 – 675.

[10] Friedman D. Evolutionary games in economics [J]. Econometrica, 1991, 59 (3): 637 – 666.

[11] Freeman R E. The politics of stakeholder theory: Some future directons [J]. Business Ethics Quarterly, 1984, 4 (4): 409 – 421.

[12] Harnndar B. An efficiency approach to managing Mississippi's marginal land based on the conservation reserve program [J]. Conservation and Recycling, 1999 (26): 15 – 24.

[13] Kosoy N, Martinez-Tuna M, Muradian R, et al. Payments for environmental services in watersheds: Insights from comparative study of three cases in Central America [J]. Ecological Economics, 2007, 61 (3): 446 – 455.

[14] Macmillan D C, Harley D, Morrison R. Cost-effectiveness analysis of woodland cosystem oration [J]. Ecological Economies, 1998 (27): 313 – 324.

[15] Mayrand K, Paquin M. Payments for environmental services: A survey and assessment of current schemes [R]. Montreal: Unisféra International Center for the Commission for Environmental Cooperation of North America, 2004.

[16] Michael D. Kaplowitz. Assessing mangrove products and services at the local level: the use of focus groups and individual interviews [J]. Landscape and Urban planning, 2001 (56): 53 – 60.

[17] Moran D, Mc Vittie A, Allcroft D J, et al. Quantifying public Preferences for agri-Environmental policy in Scotland of methods [J]. Ecological Economics, 2007, 63 (1): 42 – 53.

[18] Muradian R, Corbera E, Pascual U, et al. Reconciling theory and practice: An alternative conceptual framework for understanding payments for environmental services [J]. Ecological Economics, 2010, 69 (6): 1202 – 1208.

[19] NicolasK, Man'nez-Tuna M, Muradian R, et al. Payment for en-

vironmental services in watersheds: Insights from a comparative study of three cases in Central America [J]. Ecological Economics, 2007, 61 (3): 446 – 455.

[20] Pagiola S, Ramirez E, Gobbi J, et al. Paying for the environmental services of silvopastor Practices in Nicaragua [J]. Ecological Economics, 2007, 64 (2): 374 – 385.

[21] Pagiola S. Payments for environmental services in Costa Rica [J]. Ecological Economics, 2008, 65 (4): 712 – 724.

[22] Plantinga A J, Conservation Alig R, Cheng H. The supply of land for conservation uses: evidence from the reservation reserve program [J]. Resource, Conservation and Recycling, 2001 (31): 199 – 215.

[23] Perrot-Maitre D, Davis P. Case studies of markets and innovative financial mechanisms for water services from forests [R]. Forest Trends, 2001.

[24] Peter S, Wenz, Environmental Justice [M]. New York: CA abany State University Press, 1998.

[25] Scherr S, White A, K hare A. Current Status and Future Potential of Markets for Ecosystem Services of Tropical Forests: an Overview [R]. A Report prepared for the International Tropical Timber Council, 2004.

[26] Spance A M. Market Signaling [M]. Cambridge, Mass: Harvard University Press, 1974.

[27] Stewart T J. A critical survey on the status of multiple criteria decision making theory and practice [J]. Omega, 1992 (20): 569 – 586.

[28] Roach, Brian, Wade, et al. Policy evaluation of natural resource injuries using habitat equivalency analysis [J]. Ecological Economics, 2006, 58 (2): 421 – 433.

[29] Saatty T L. The Analytic hierarchy process [M]. New York: McGraw-Hill Company, 1980.

[30] Stewart T J. A critical survey on the status of multiple criteria decision making theory and practice [J]. Omega, 1992 (20): 569 – 586.

[31] Wiinscher T, Engel S, Wunder S. Spatial targeting of payments for environmental services: A tool for boosting conservation benefits [J]. Ec-

ological Economics, 2008, 65 (4): 822 -833.

[32] Weber M L. Market for water rights under environmental constrains [J]. Environmental Economics and Management, 2001 (42): 53 -64.

[33] Wunder S. Payments for environmental services: Some nuts and bolts [R]. Bogor indonesia: Center for International Forestey Research, 2005.

[34] Wunder S. The efficiency of payments for environmental services in tropical conservation [J]. Conservation Biology, 2007, 21 (1): 48 -58.

[35] Wunder S. Revisiting the concept of payments for environmental services [J]. Ecological Economics, 2015 (117): 234 -243.

[36] Zbinden S, Lee D R. Paying for environmental services: an analysis of participation in Costa Rica's PSA program [R]. World Development, 2005.

[37] A. C. 庇古, 朱泱等, 译. 福利经济学 [M]. 北京: 商务印书馆, 2006.

[38] 查尔斯·D. 科尔斯塔德. 环境经济学 (第二版) [M]. 北京: 中国人民大学出版社, 2016.

[39] 曹贤忠, 曾刚. 基于熵权 TOPSIS 法的经济技术开发区产业转型升级模式选择研究——以芜湖市为例 [J]. 经济地理, 2014, 34 (4): 13 -18.

[40] 常亮. 基于准市场的跨界流域生态补偿机制研究——以辽河流域为例 [D]. 大连理工大学博士学位论文, 2013, 6.

[41] 陈艳萍, 周颖. 基于水质水量的流域生态补偿标准测算——以黄河流域宁夏回族自治区为例 [J]. 中国农业资源与区划, 2016, 37 (4): 119 -126.

[42] 陈莹, 马佳. 太湖流域双向生态补偿支付意愿及影响因素研究——以上游宜兴、湖州和下游苏州市为例 [J]. 华中农业大学学报 (社会科学版), 2017 (1): 16 -22 +140 -141.

[43] 段靖, 严岩, 王丹寅, 等. 流域生态补偿标准中成本核算的原理分析与方法改进 [J]. 生态学报, 2010, 30 (1): 221 -227.

[44] 段锦, 康慕谊, 江源. 东江流域生态系统服务价值变化研究 [J]. 自然资源学报, 2012, 27 (1): 90 -102.

［45］董鸣皋．基于多指标决策的循环经济发展水平综合评价方法——以陕西省为例［J］．干旱区资源与环境，2014，28（3）：11－16．

［46］戴其文．生态补偿对象的空间选择研究：以甘南藏族自治州草地生态系统的水源涵养服务为例［J］．自然资源学报，2010，25（3）：415－425．

［47］代明，刘燕妮，江思董．主体功能区划下的生态补偿标准——基于机会成本和佛冈样域的研究化［J］．中国人口·资源与环境，2013，23（2）：18－22．

［48］邓聚龙．灰色系统理论教程［M］．武汉：华中理工大学出版社，1990．

［49］费尔南多·维加-雷东多．经济学与博弈理论［M］．上海：上海人民出版社，2006．

［50］范金，周忠民，包振强．生态资本研究综述［J］．预测，2000（5）：30－35．

［51］范芳玉，葛颜祥，郭志建．大汶河流域生态服务价值评估研究［J］．山东农业大学学报（社会科学版），2011（4）：77－81．

［52］付华．流域生态逐级补偿市场化机制研究［D］．浙江理工大学硕士学位论文，2017，6．

［53］付意成，吴文强，阮本清．永定河流域水量分配生态补偿标准研究［J］．水利学报，2014，45（2）：142－149．

［54］付意成．流域治理修复型水生态补偿研究［D］．中国水利水电科学研究院博士学位论文，2013，6．

［55］樊辉，赵敏娟，史恒通．西北生态脆弱区居民生态补偿意愿研究［J］．西北农林科技大学学报（社会科学版），2016，16（3）：111－117．

［56］冯慧娟，罗宏，吕连宏．流域环境经济学：一个新的学科增长点［J］．中国人口·资源与环境，2010，20（S1）：241－244．

［57］方晓波，骆林平，李松，等．钱塘江兰溪段地表水质季节变化特征及源解析［J］．环境科学学报，2013，33（7）：1980－1988．

［58］龚映梅，顾幼瑾．云南省县域经济新型工业化发展水平评价与对策［J］．经济问题探索，2009（2）：179－184．

[59] 郭志建，葛颜祥，范芳玉．基于水质和水量的流域逐级补偿制度研究 [J]．中国农业资源与区划，2013，34（1）：96 - 102．

[60] 郭慧敏，王武魁．基于机会成本的退耕还林补偿资金的空间分配——以张家口市为例 [J]．中国水土保持科学，2015，13（4）：137 - 143．

[61] 高惠璇．应用多元统计分析 [M]．北京：北京大学出版社，2005．

[62] 高玫．流域生态补偿模式比较与选择 [J]．江西社会科学，2013（11）：44 - 48．

[63] 葛颜祥，梁丽娟，王蓓蓓．黄河流域居民生态补偿意愿及支付水平分析——以山东省为例 [J]．中国农村经济，2009（10）：77 - 85．

[64] 耿涌，戚瑞，张攀．基于水足迹的流域生态补偿标准模型研究 [J]．中国人口·资源与环境，2009，19（6）：11 - 16．

[65] 耿翔燕，葛颜祥，王爱敏．水源地生态补偿综合效益评价研究——以山东省云蒙湖为例 [J]．农业经济问题，2017，38（4）：93 - 101 + 112．

[66] 耿翔燕，葛颜祥，张化楠．基于重置成本的流域生态补偿标准研究——以小清河流域为例 [J]．中国人口·资源与环境，2018，28（1）：140 - 147．

[67] 《环境科学大辞典》编委会．环境科学大辞典 [M]．北京：中国环境科学出版社，1991．

[68] 惠二青，陈友媛，刘贯群，等．小清河流域无机氮非点源污染的量化研究 [J]．农业环境科学学报，2005（S1）：108 - 113．

[69] 黄炜．全流域生态补偿标准设计依据和横向补偿模式 [J]．生态经济，2013（6）：154 - 159 + 172．

[70] 黄涛珍，宋胜帮．基于关键水污染因子的淮河流域生态补偿标准测算研究 [J]．南京农业大学学报（社会科学版），2013，13（6）：109 - 118．

[71] 胡熠．论我国流域水资源配置中的区际利益协调 [J]．福建论坛（人文社会科学版），2014（8）：24 - 28．

[72] 胡仪元．流域生态补偿模式、核算标准与分配模型研究——以汉江水源地生态补偿为例 [M]．北京人民出版社，2015．

[73] 胡振华，刘景月，钟美瑞，等. 基于演化博弈的跨界流域生态补偿利益均衡分析——以漓江流域为例 [J]. 经济地理，2016，36 (6)：42-49.

[74] 胡振通. 中国草原生态补偿机制 [D]. 中国农业大学博士学位论文，2016，6.

[75] 户艳领，陈志国，刘振国. 基于熵值法的河北省农业用水利用效率研究 [J]. 中国农业资源与区划，2015，36 (3)：136-142.

[76] 洪惠坤，廖和平，魏朝富，等. 基于改进 TOPSIS 方法的三峡库区生态敏感区土地利用系统健康评价 [J]. 生态学报，2015，35 (24)：8016-8027.

[77] 何家理，李国玲，等. 南水北调中线工程汉江安康段水源保护主要成本补偿标准——基于陕西省安康市 10 县区调查 [J]. 水土保持通报，2016，36 (1)：281-286.

[78] 吕雁琴，李旭东. 基于层次分析决策法的新疆阜康三工河流域水量分配研究 [J]. 生态经济，2011 (9)：63-66.

[79] 靳乐山. 中国生态补偿全领域探索与进展 [M]. 北京：经济科学出版社，2016.

[80] 接玉梅，葛颜祥，徐光丽. 黄河下游居民生态补偿认知程度及支付意愿分析——基于对山东省的问卷调查 [J]. 农业经济问题，2011 (8)：95-101.

[81] 接玉梅，葛颜祥，李颖. 我国流域生态补偿研究进展与述评 [J]. 山东农业大学学报（社会科学版），2012，14 (1)：51-57.

[82] 孔德帅. 区域生态补偿机制研究 [D]. 中国农业大学博士学位论文，2017，6.

[83] 孔凡斌. 完善我国生态补偿机制：理论、实践与研究展望 [J]. 农业经济问题，2007 (10)：50-53.

[84] 孔凡斌，廖文梅. 基于排污权的鄱阳湖流域生态补偿标准研究 [J]. 江西财经大学学报，2013 (4)：12-19.

[85] 赖力，黄贤金，刘伟良. 生态补偿理论、方法研究进展 [J]. 生态学报，2008 (6)：2870-2877.

[86] 李彩红，葛颜祥. 可持续发展背景的水源地生态补偿机会成本核算 [J]. 改革，2013 (11)：106-112.

[87] 李国平, 王奕淇, 张文彬. 南水北调中线工程生态补偿标准研究 [J]. 资源科学, 2015, 37 (10): 1902 –1911.

[88] 李浩, 黄薇, 刘陶, 等. 跨流域调水生态补偿机制探讨 [J]. 自然资源学报, 2011, 26 (9): 1506 –1512.

[89] 李萍, 王化. 生态价值湛于马克思劳动价值论的一个引申分化 [J]. 学术月化, 2012 (4): 90 –95.

[90] 李荣昉, 丁永生, 程丽俊, 等. 基于水量分配方案的抚河流域最小控制需水量研究 [J]. 长江流域资源与环境, 2012, 21 (1): 58 –63.

[91] 李胜, 陈晓春. 基于府际博弈的跨行政区流域水污染治理困境分析 [J]. 中国人口·资源与环境, 2011, 21 (12): 104 –109.

[92] 李文华, 刘某承. 关于中国生态补偿机制建设的几点思考 [J]. 资源科学, 2010, 32 (5): 791 –796.

[93] 李小云, 靳乐山, 左停. 生态补偿机制: 市场与政府的作用 [M]. 北京: 社会科学文献出版社, 2007.

[94] 李亚松, 张兆吉, 费宇红, 等. 内梅罗指数评价法的修正及其应用 [J]. 水资源保护, 2009, 25 (6): 48 –50.

[95] 陆卫军, 张涛. 几种河流水质评价方法的比较分析 [J]. 环境科学与管理, 2009, 34 (6): 174 –176.

[96] 林琳, 李福林, 陈学群, 等. 小清河河道历史演变与径流时空分布特征 [J]. 人民黄河, 2013, 35 (12): 77 –82.

[97] 刘春腊, 刘卫东, 陆大道. 生态补偿的地理学特征及内涵研究 [J]. 地理研究, 2014, 33 (5): 803 –816.

[98] 刘桂环, 张惠远. 流域生态补偿理论与实践研究 [M]. 北京: 中国环境出版社, 2015.

[99] 刘俊鑫, 王奇. 基于生态服务供给成本的三江源区生态补偿标准核算方法研究 [J]. 环境科学研究, 2017, 30 (1): 82 –90.

[100] 刘林. 应用模糊数学 [M]. 西安: 陕西科学技术出版社, 1996.

[101] 刘平养, 张晓冰, 宋佩颖. 水源地输血型与造血型生态补偿机制的有效性边界——以黄浦江上游水源地为例 [J]. 世界林业研究, 2014, 27 (1): 7 –11.

［102］刘晓红，虞锡军．钱塘江流域水生态补偿机制的实证研究［J］．生态经济，2009（9）：46－49＋53.

［103］刘玉龙，许凤冉，张春玲，等．流域生态补偿标准核算模型研究［J］．中国水利，2006（22）：35－38.

［104］黎元生，胡熠．闽江流域区际生态受益补偿标准探析［J］．农业现代化研究，2007，28（3）：327－329.

［105］吕志贤，李元钊，李佳喜．湘江流域生态补偿系数定量分析［J］．中国人口·资源与环境．2011，21（S1）：451－454.

［106］龙开胜，王雨蓉，赵亚莉，等．长三角地区生态补偿利益相关者及其行为响应［J］．中国人口·资源与环境，2015，25（8）：43－49.

［107］卢新海，柯善淦．基于生态足迹模型的区域水资源生态补偿量化模型构建——以长江流域为例［J］．长江流域资源与环境，2016，25（2）：334－341.

［108］卢祖国，陈雪梅．经济学视角下的流域生态补偿机理［J］．深圳大学学报（人文社会科学版），2008，25（6）：69－73.

［109］毛锋，曾香．生态补偿的机理与准则［J］．生态学报，2006（11）：3841－3846.

［110］毛涛．中国流域生态补偿制度的法律思考［J］．环境污染与防治，2008，30（7）：100－103.

［111］毛显强，钟瑜，张胜．生态补偿的理论探讨［J］．中国人口·资源与环境，2002（4）：40－43.

［112］马利邦，牛叔文，李怡欣，等．甘肃省县域经济发展水平空间差异评价［J］．干旱区地理，2011，34（1）：194－200.

［113］庞爱萍，李春晖，等．基于水环境容量的漳卫南流域双向生态补偿标准计算［J］．中国人口·资源与环境，2010，20（5）：100－103.

［114］秦艳红，康慕谊．国内外生态补偿现状及其完善措施［J］．自然资源学报，2007（7）：557－567.

［115］秦玉才，汪劲．中国生态补偿立法：路在前方［M］．北京：北京大学出版社，2013.

［116］乔旭宁，杨永菊，杨德刚．生态服务功能价值空间转移评价——以渭干河流域为例［J］．中国沙漠，2011，31（4）：1008－1014.

［117］乔旭宁，杨永菊，杨德刚．流域生态补偿标准的确定——以渭干河流域为例［J］．自然资源学报，2012，27（10）：1666-1676．

［118］乔旭宁，杨永菊，杨德刚，等．流域生态补偿研究现状及关键问题剖析［J］．地理科学进展，2012，31（4）：395-402．

［119］钱水苗，王怀章．论流域生态补偿机制的构建——从社会公正的视角［J］．中国地质大学学报（社会科学版），2005（9）：80-84．

［120］曲富国，孙宇飞．基于政府间博弈的流域生态补偿机制研究［J］．中国人口·资源与环境，2014，24（11）：83-88．

［121］任勇，冯东方，俞海，等．中国生态补偿理论与政策框架设计［M］．北京：中国环境科学出版社，2008．

［122］饶清华，邱宇，王菲凤，等．闽江流域跨界生态补偿量化研究［J］．中国环境科学，2013，33（10）：1897-1903．

［123］孙冬煜，王震声，何旭东，等．自然资本与环境投资的涵义［J］．环境保护，1999（5）：38-40．

［124］尚海洋，丁杨，张志强．补偿标准参照的比较：机会成本与环境收益——以石羊河流域生态补偿为例［J］．中国沙漠，2016，36（3）：830-835．

［125］沈满洪，陆菁．论生态保护补偿机制［J］．浙江学刊，2004（4）：217-220．

［126］沈满洪，谢慧明．公共物品问题及其解决思路——公共物品理论文献综述［J］．浙江大学学报（人文社会科学版），2009，39（6）：133-144．

［127］沈满洪．资源与环境经济学［M］．北京：中国环境出版社，2015．

［128］任勇，冯东方，俞海，等．中国生态补偿理论与政策框架设计［M］．北京：中国环境出版社，2008．

［129］史恒通，赵敏娟．基于选择试验模型的生态系统服务支付意愿差异及全价值评估——以渭河流域为例［J］．资源科学，2015，37（2）：351-359．

［130］史晓燕，胡小华，邹新，等．东江源区基于供给成本的生态补偿标准研究［J］．水资源保护，2012，28（2）：77-81．

［131］史彦虎，郭莉文，朱先奇．基于改进的 TOPSIS 法的山西省

市域经济综合实力评价 [J]. 经济问题，2013 (3)：125 – 129.

[132] 石广明，王金南，毕军. 基于水质协议的跨界流域生态补偿标准研究 [J]. 环境科学学报，2012，32 (8)：1973 – 1983.

[133] 萨缪尔森·保罗，诺德豪斯·威廉. 经济学 [M]. 北京：商务印书馆，2014.

[134] 唐笑飞，鲁春霞，安凯. 中国省域尺度低碳经济发展综合水平评价 [J]. 资源科学，2011，33 (4)：612 – 619.

[135] 涂少云. 跨区域流域生态补偿中府际间博弈关系研究 [D]. 大连理工大学博士学位论文，2013，6.

[136] 汤姆·蒂坦伯格，林恩·刘易斯. 环境与自然资源经济学 (第十版) [M]. 北京：中国人民大学出版社，2016.

[137] 万军，张惠远，王金南，等. 中国生态补偿政策评估与框架初探 [J]. 环境科学研究，2005 (2)：1 – 7.

[138] 汪炳，黄涛珍. 对淮河流域生态补偿资金管理机制的思考 [J]. 水资源保护，2015，31 (2)：99 – 102 + 110.

[139] 汪劲. 论生态补偿的概念：以《生态补偿条例》草案的立法解释为背景 [J]. 中国地质大学学报 (社会科学版)，2014，14 (1)：1 – 8 + 139.

[140] 王爱敏，葛颜祥，耿翔燕. 水源地保护区生态补偿利益相关者行为选择机理分析 [J]. 中国农业资源与区划，2015，36 (5)：16 – 22.

[141] 王金南，庄国泰. 生态补偿机制与政策设计 [M]. 北京：中国环境科学出版社，2006.

[142] 王军锋，侯超波. 中国流域生态补偿机制实施框架与补偿模式研究——基于补偿资金来源的视角 [J]. 中国人口·资源与环境，2013 (2)：23 – 29.

[143] 王清军，蔡守秋. 生态补偿机制的法律研究 [J]. 南京社会科学，2006 (7)：73 – 80.

[144] 王淑云，耿雷华，黄勇，等. 饮用水水源地生态补偿机制研究 [J]. 中国水土保持，2009 (9)：5 – 8.

[145] 王薇，孙力，吕宁江，等. 山东省农业水价综合改革试点项目实践与经验 [J]. 农学学报，2016，6 (4)：97 – 100.

[146] 魏楚，沈满洪．基于污染权角度的流域生态补偿模型及应用 [J]．中国人口·资源与环境，2011，21（6）：135-141.

[147] 谢高地，甄霖，鲁春霞，等．一个基于专家知识的生态系统服务价值化方法 [J]．自然资源学报，2008，23（5）：911-917.

[148] 谢慧明，俞梦绮，沈满洪．国内水生态补偿财政资金运作模式研究：资金流向与补偿要素视角 [J]．中国地质大学学报（社会科学版），2016，16（5）：30-41.

[149] 谢识予．经济博弈论 [M]．上海：复旦大学出版社，2002.

[150] 谢伟，孙绍荣．基于信号博弈的大气污染防治机制研究 [J]．资源开发与市场，2015，31（11）：1311-1313+1400.

[151] 肖建红，王敏，于庆东，等．基于生态足迹的大型水电工程建设生态补偿标准评价模型——以三峡工程为例 [J]．生态学报，2015，35（8）：2726-2740.

[152] 肖加元，潘安．基于水排污权交易的流域生态补偿研究 [J]．中国人口·资源与环境，2016，26（7）：18-26.

[153] 肖新平，宋中民，李峰．技术基础及其应用 [M]．北京：科学出版社，2005.

[154] 徐大伟，郑海霞，刘民权．基于跨界水质水量指标的流域生态补偿量测算方法研 [J]．中国人口·资源与环境，2008，18（4）：189-194.

[155] 徐大伟，常亮，侯铁珊，等．基于WTP和WTA的流域生态补偿标准测算——以辽河为例 [J]．资源科学，2012，34（7）：1354-1361.

[156] 徐大伟，涂少云，常亮，等．基于演化博弈的流域生态补偿利益冲突分析 [J]．中国人口·资源与环境，2012（2）：8-14.

[157] 徐光丽，接玉梅，葛颜祥．流域生态补偿机制研究 [M]．北京：中国农业出版社，2014.

[158] 徐祖信．我国河流综合水质标识指数评价方法研究 [J]．同济大学学报，2005，33（4）：482-488.

[159] 颜旭．论作为和谐社会基础的社会公正 [J]．平原大学学报，2006（1）：26-29.

[160] 严立冬，谭波，刘加林．生态资本化：生态资源的价值实现

[J]. 中南财经政法大学学报, 2009 (2): 3 – 8 +142.

[161] 严立冬, 陈光炬, 刘加林, 等. 生态资本构成要素解析——基于生态经济学文献的综述 [J]. 中南财经政法大学学报, 2010 (5): 3 – 9 +142.

[162] 俞海, 任勇. 生态补偿的理论基础: 一个分析性框架 [J]. 城市环境与城市生态, 2007, 20 (2): 28 –31.

[163] 虞锡君. 构建太湖流域水生态补偿机制探讨 [J]. 农业经济问题, 2007 (9): 56 –59.

[164] 禹雪中, 冯时. 中国流域生态补偿标准核算方法分析 [J]. 中国人口·资源与环境, 2011, 21 (9): 14 –19.

[165] 于鲁冀, 王燕鹏, 梁亦欣. 基于污水治理成本的流域污染赔偿标准研究 [J]. 生态经济, 2011 (9): 51 –54.

[166] 余永定, 张宇燕, 郑秉文. 西方经济学 (第三版) [M]. 北京: 经济科学出版社, 2002.

[167] 余光辉, 陈莉丽, 田银华, 等. 基于排污权交易的湘江流域生态补偿研究 [J]. 水土保持通报, 2015, 35 (5): 159 –163.

[168] 杨光梅, 闵庆文, 李文华, 等. 我国生态补偿研究中的科学问题 [J]. 生态学报, 2007, 27 (10): 4289 –4300.

[169] 杨金田, 王金南. 中国排污收费制度改革与设计 [M]. 北京: 中国环境科学出版社, 1998.

[170] 杨丽韫, 甄霖, 吴松涛. 我国生态补偿主客体界定与标准核算方法分析 [J]. 生态环境, 2010 (1): 298 –302.

[171] 杨丽英, 李宁博, 许新宜. 晋江流域水量分配与生态环境补偿机制 [J]. 人民黄河, 2015, 37 (2): 68 –71.

[172] 原宗丽. 试析亚里士多德分配正义理论及其启示 [J]. 内蒙古民族大学学报 (社会科学版), 2008, 34 (6): 92 –94.

[173] 张桂清. 人工神经网络导论 [M]. 北京: 水利水电出版社, 2004.

[174] 张国兴, 张绪涛, 程素杰, 等. 节能减排补贴政策下的企业与政府信号博弈模型 [J]. 中国管理科学, 2013 (4): 129 –136.

[175] 张国珍, 乔国亮, 武福平, 等. 主成分分析法在窖水水质变化评价中的应用 [J]. 环境科学与技术, 2014, 37 (4): 181 –184.

[176] 张杰平. 跨流域调水补偿制度创新研究 [D]. 武汉大学博士学位论文, 2012, 6.

[177] 张捷. 我国流域横向生态补偿机制的制度经济学分析 [J]. 中国环境管理, 2017, 9 (3): 27 - 29 + 36.

[178] 张落成, 李青, 武清华. 天目湖流域生态补偿标准核算探讨 [J]. 自然资源学报, 2011 (3): 412 - 418.

[179] 张树川, 左停, 李小云. 关于退耕还林 (草) 中生态效益补偿机制探讨 [J]. 经济问题, 2005 (11): 49 - 51.

[180] 张升东, 徐征和, 孔珂. 基于模糊优选方法的卧虎山流域水量分配方案研究 [J]. 中国农村水利水电, 2012 (5): 6 - 10.

[181] 张晓峰. 基于利益相关者的南水北调中线水源区多元化生态补偿形式探讨 [J]. 南都学坛 (人文社会科学学报), 2011, 31 (2): 125 - 126.

[182] 张晓蕾, 万一. 基于水质—水量的淮河流域生态补偿框架研究 [J]. 水土保持通报, 2014, 34 (4): 275 - 279.

[183] 张维迎. 博弈论与信息经济学 [M]. 上海: 上海人民出版社, 2004.

[184] 张志强, 徐中民, 王建. 黑河流域生态系统服务的价值 [J]. 冰川冻土, 2001, 23 (4): 360 - 366.

[185] 张自英. 陕南汉江流域生态补偿的定量标准化初探 [J]. 水利水电科技进展, 2012, 31 (1): 25 - 27.

[186] 郑海霞, 张陆彪, 张耀军. 金华江流域生态服务补偿的利益相关者分析 [J]. 安徽农业科学, 2009, 37 (25): 12111 - 12115.

[187] 赵利, 潘志远, 王东霞. 城镇劳动就业影响因素的实证研究——基于主成分分析法和 VAR 模型的分析 [J]. 宏观经济研究, 2014 (5): 117 - 126 + 143.

[188] 周晨, 丁晓辉, 李国平, 等. 南水北调中线工程水源区生态补偿标准研究——以生态系统服务价值为视角 [J]. 资源科学, 2015, 37 (4): 792 - 804.

[189] 周小平, 李晓燕, 柴铎. 耕地保护补偿区域间分配的指标体系构建与实证——以福州市为例 [J]. 经济地理, 2016, 36 (5): 152 - 158.

［190］朱九龙，王俊，陶晓燕，等．基于生态服务价值的南水北调中线水源区生态补偿资金分配研究［J］．生态经济，2017，33（6）：127 - 132 + 139.

［191］中国生态补偿机制与政策研究课题组．中国生态补偿机制与政策研究［M］．北京：科学出版社，2007.